中等职业教育建筑工程施工专业规划教材

土木工程识图习题精解

主编　董云霏　姚梦佳　邱培彪

武汉理工大学出版社
·武　汉·

图书在版编目(CIP)数据

土木工程识图习题精解 / 董云霏,姚梦佳,邱培彪主编. -- 武汉 : 武汉理工大学出版社, 2025.7. -- ISBN 978-7-5629-7546-5

Ⅰ. TU204-44

中国国家版本馆 CIP 数据核字第 2025US3584 号

Tumu Gongcheng Shitu Xiti Jingjie

土 木 工 程 识 图 习 题 精 解

项目负责人:高　英　　**责 任 编 辑**:高　英

责 任 校 对:王　威　　**版 面 设 计**:正风图文

出版发行:武汉理工大学出版社

经　销　者:各地新华书店

印　刷　者:武汉市洪林印务有限公司

开　　　本:787 mm×1092 mm　1/16

印　　　张:7

字　　　数:181 千字

版　　　次:2025 年 7 月第 1 版

印　　　次:2025 年 7 月第 1 次印刷

定　　　价:24.00 元

凡购本书,如有缺页、倒页、脱页等印装质量问题,请向出版社发行部调换。

本社购书热线电话:027-87523148　87391631

前　言

在建筑领域的学习与实践中，建筑制图犹如一座坚实的桥梁，连接着理论知识与实际工程应用。精准、规范的建筑制图不仅是建筑设计意图准确传达的关键，更是确保建筑工程顺利实施、质量把控的重要基石。为了助力广大建筑专业学子以及初涉建筑领域的爱好者夯实建筑制图基础，提升绘图技能与空间思维能力，我们精心编撰了这本习题集。

本习题集紧密围绕建筑制图的核心知识体系和《房屋建筑制图统一标准》(GB/T 50001—2017)，涵盖从基础投影理论到建筑施工图绘制的各个环节。本书遵循循序渐进的原则，从简单的几何形体绘制入手，逐步过渡到复杂的建筑组合体、建筑剖面与立面，再到完整的建筑施工图纸表达，旨在引导学习者一步步深入理解建筑制图的精髓，扎实掌握各类绘图技巧与规范要求。在内容设计上，我们注重理论与实践的紧密结合。每一道习题都经过精心挑选与反复推敲，既考量了对基本概念、原理的巩固与运用，又充分贴合实际建筑工程场景，让学习者在解题过程中深刻体会建筑制图在实际项目中的应用价值。通过完成这些习题，学习者不仅能够熟练掌握绘图仪器的使用、线条的绘制技巧、尺寸标注的规范等基础技能，还能精准把握建筑空间的尺度关系、构造逻辑以及各部分之间的协同配合，从而全面提升建筑制图的综合素养。

此外，本习题集还兼具一定的拓展性与创新性。部分习题设置了开放性问题或拓展性任务，鼓励学习者在完成基本绘图要求的基础上，进一步探索不同的设计方案与表达方式，激发创新思维与创造力，培养从多角度思考和解决建筑制图问题的能力，为今后在建筑设计领域的深入发展奠定坚实基础。在使用本习题集时，建议学习者先系统学习建筑制图的相关理论知识，再结合实际练习逐步深化理解。

建筑制图是一门融合科学性、艺术性与实用性于一体的学科，需要学习者投入大量的时间与精力去钻研练习。我们衷心期望这本习题集能够成为您学习道路上的得力助手，陪伴您在建筑制图的浩瀚海洋中畅游，不断探索进取，逐步成长为一名精通建筑制图技艺、具备扎实专业素养的优秀建筑人才，为未来的建筑事业添砖加瓦，绘制出一幅幅精美绝伦的建筑画卷。

编者

2025 年 1 月

目　录

第一章　制图基本知识和基本技能

一、尺规作图知识梳理

尺规作图是指用无刻度的直尺和圆规作图。尺规作图起源于古希腊的数学课题。只使用圆规和直尺，并且只准许使用有限次，来解决不同的平面几何作图问题。尺规作图使用的直尺和圆规带有想像性质，跟现实中的并非完全相同：

（1）直尺必须没有刻度，无限长，且只能使用直尺的一侧。只可以用它来将两个点连在一起，不可以在其上画刻度。

（2）圆规可以开至无限宽，但上面亦不能有刻度。它只可以拉开成之前构造过的长度。

（3）每次操作只能是公认允许的五项基本操作（称为五项作图公法）之一。

（4）每次操作之前，操作者为决定是否操作和应做哪种操作所进行的逻辑判断，也只能是几何学中公认允许的几种。

基于“作图公法”的定义如下：

承认以下五项前提，有限次运用以下五项公法而完成的作图方法，就是合法的尺规作图。

五项前提是：

（1）允许在平面上、直线上、圆弧线上已确定的范围内任意选定一点（这里的范围依下面四条规则来确定）。

（2）可以判断同一直线上不同点的位置次序。

（3）可以判断同一圆弧线上不同点的位置次序。

（4）可以判断平面上一点在直线的哪一侧。

（5）可以判断平面上一点在圆的内部还是外部。

五项公法是：

（1）根据两个已经确定的点作出经过这两个点的直线。

（2）以一个已经确定的点为圆心，以两个已经确定的点之间的距离为半径作圆。

（3）确定两个已经做出的相交直线的交点。

（4）确定已经做出的相交的圆和直线的交点。

（5）确定已经做出的相交的两个圆的交点。

二、尺规作图知识拓展

在建筑工程图中，任何图形都可以分解为一些基本图形元素，如点、线、矩形、圆等。任何复杂几何图形都是以最基本的尺规作图为基础，掌握最基本的尺规作图的技能和技巧也是一切图学的基础。

（一）尺规作图基本方法

尺规作图中可用的基本方法，也称为作图公法，任何尺规作图的步骤均可分解为以下五种方法：

（1）通过两个已知点可作一直线。

（2）已知圆心和半径可作一个圆。

(3) 若两已知直线相交，可求其交点。

(4) 若已知直线和一已知圆相交，可求其交点。

(5) 若两已知圆相交，可求其交点。

(二) 八种基本作图

(1) 作一条线段等于已知线段；

(2) 作一个角等于已知角；

(3) 作已知线段的垂直平分线；

(4) 作已知角的角平分线；

(5) 过一点作已知直线的垂线；

(6) 已知三边作三角形；

(7) 已知两角、一边作三角形；

(8) 已知一角、两边作三角形。

1. 任意等分已知线段

【例 1.1】 等分已知线段常采用辅助线法，下图为三等分已知线段 AB 的作图方法。

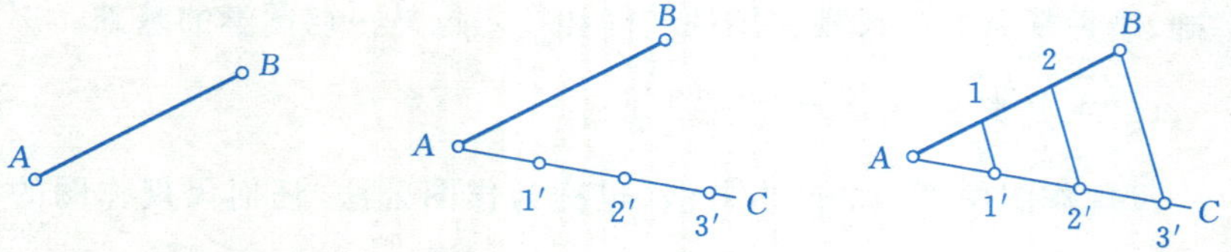

(a) 已知条件　(b) 过点A作任一射线AC，使A1′=1′2′=2′3′　(c) 连3′与B，分别由点1′、2′作3′B的平行线，与AB相交得等分点1、2

等分线段

2. 等分两平行线间的距离

【例 1.2】 三等分已知平行线 AB、CD 间的距离。

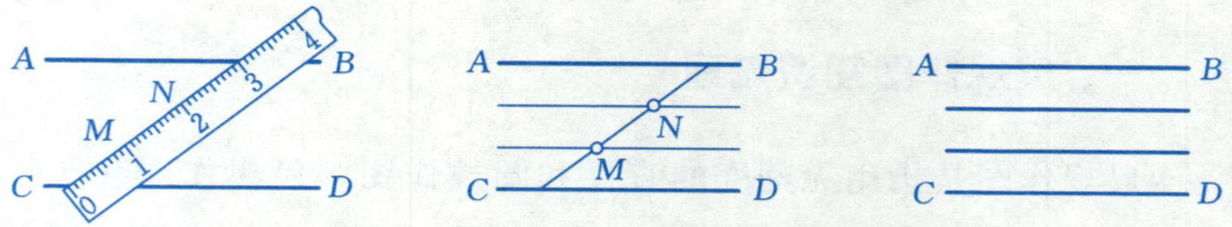

(a) 使直线尺刻度线上的0点落在CD线上，转动直尺，使直尺上的3点落在AB线上，取等分点M、N　(b) 过M、N点分别作已知直线AB、CD的平行线　(c) 清理图面，加深图线，即得所求的三等分AB与CD之间的距离的平行线

三等分两平行线间的距离

3. 圆弧连接

在零件上，经常会遇到由一表面(平面或曲面)光滑地过渡到另一表面的情况，这种过渡称为面面相切，而反映到投影图上，一般为线段(曲线与直线、曲线与曲线)相切。在制图中将这种相切称为连接，常见的连接形式有：一圆弧与直线连接、圆弧与圆弧连接，如下图所示。

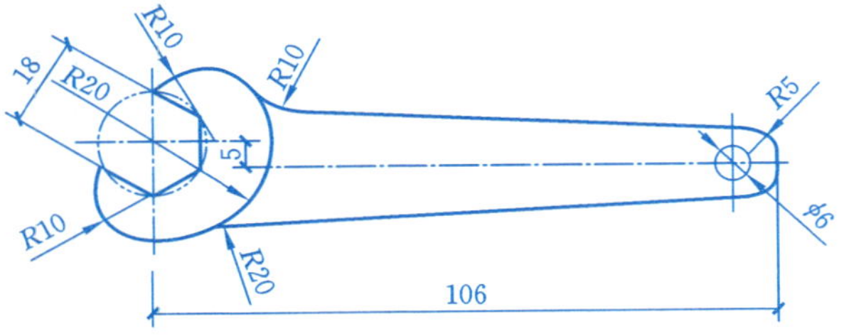

扳手的连接图

从上图可以看出,圆弧连接的实质是几何要素间相切的关系。圆弧连接的实质就是要使连接圆弧与相邻线段相切,以达到光滑连接的目的。

圆弧连接的基本原理(轨迹法)为保证连接光滑,必须准确地求出连接弧的圆心和切点的位置。

圆弧连接的作图步骤一般为:

(1) 求连接圆弧的圆心;

(2) 找出连接点即切点的位置;

(3) 在两连接点之间作出连接圆弧。

各种圆弧连接的作图方法举例如下。

【例 1.3】 用半径为 R 的圆弧连接两已知直线 AB 和 CD。

也可以看作是用圆弧连接锐角的两边。

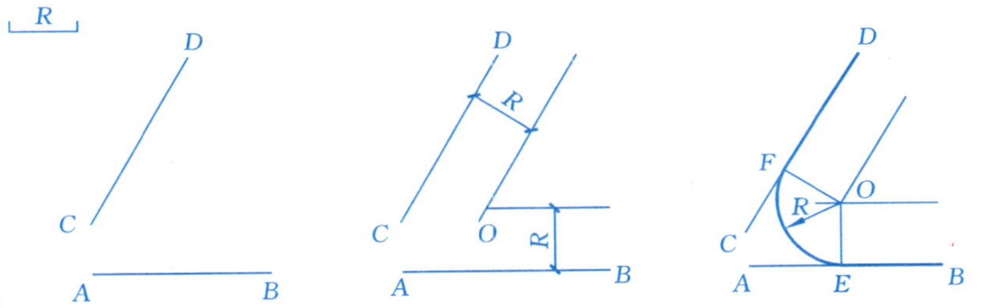

(a) 已知直线AB、CD,连接弧半径R

(b) 以连接弧半径R为间距,分别作两已知直线的平行线交于O点

(c) 过O点作已知直线的垂线,垂足E、F点即为切点,以O为圆心,R为半径,过E、F作弧,即为所求

圆弧连接两直线

【例 1.4】 用半径为 R 的圆弧连接已知直角直线和钝角直线。

作图步骤:(略)。

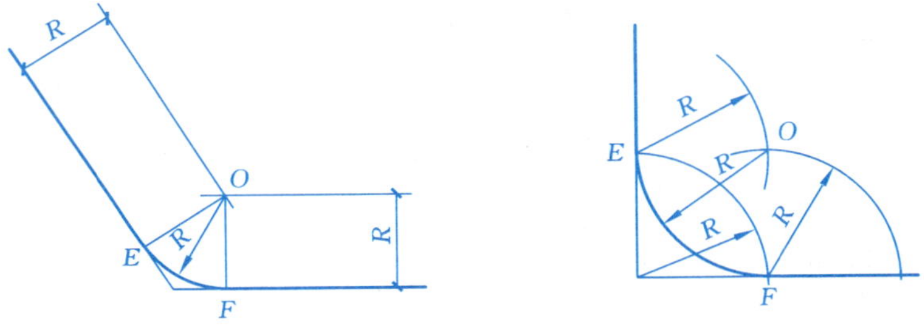

(a) 圆弧连接钝角的两边　　(b) 圆弧连接直角的两边

圆弧连接两直线

【例 1.5】 用圆弧连接直线和圆弧的方法和步骤。

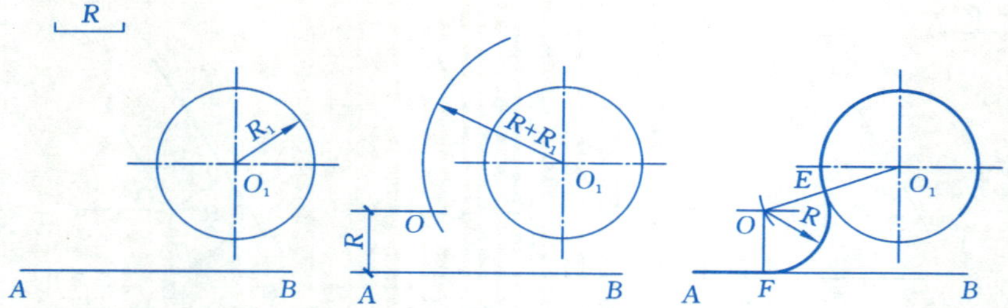

（a）已知直线AB，半径为R_1的圆O_1，连接弧半径R

（b）以R为间距，作直线AB的平行线与以O_1为圆心，$R+R_1$为半径所作的弧交于O，O即为所求连接弧圆心

（c）连OO_1交圆于E点，过O作OF垂直线AB，F为垂足，以O为圆心，R为半径，过E、F作弧，即为所求

圆弧连接直线和圆弧(连接弧与圆外切)

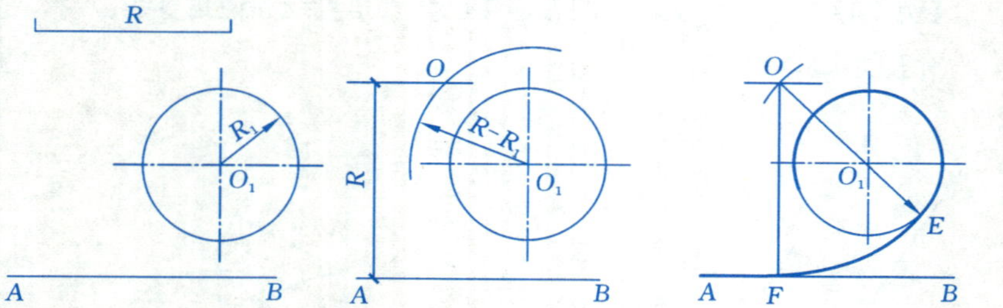

（a）已知直线AB，半径为R_1的圆心O_1，连接弧半径R

（b）以R为间距作直线AB的平行线与以O_1为圆心，$R-R_1$为半径所作的弧交于O，O即为所求连接弧的圆心

（c）连OO_1并延长交圆于E点，过O作OF垂直AB，F为垂足，以O为圆心，R为半径过E、F点作弧，即为所求

圆弧连接直线和圆弧(连接弧与圆内切)

【例 1.6】 圆弧与圆弧外切连接的方法和步骤。

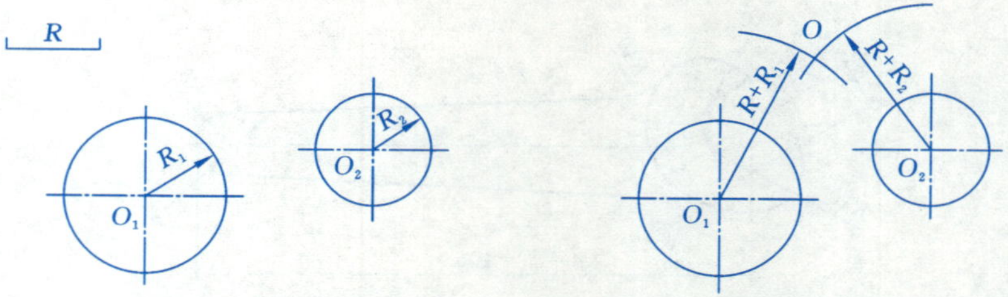

（a）已知圆O_1、O_2，半径分别为R_1、R_2，连接弧半径为R

（b）分别以O_1、O_2为圆心，$R+R_1$、$R+R_2$为半径作弧，并交于点O，O即为连接弧圆心

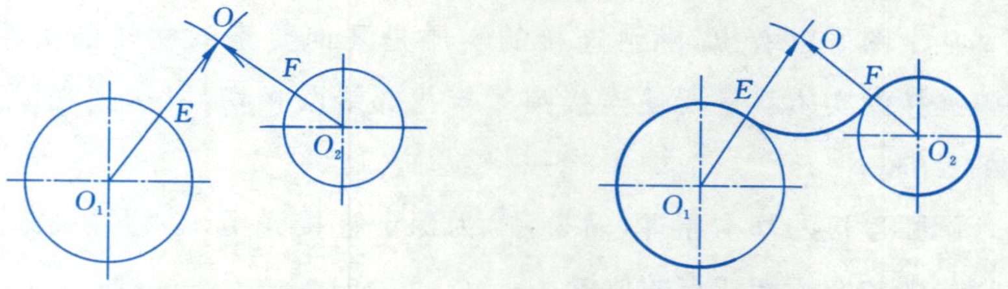

（c）连接OO_1、OO_2与两圆的圆周分别交于E、F点，E、F点即为切点

（d）以O为圆心，R为半径，自切点E、F作弧，即为所求

圆弧与圆弧外切连接

三、练习

1. 汉字。

一 二 三 四 建 筑 工 程 制 图 东 南

西 北 平 立 剖 详 总 图 练 习 构 造

施 工 混 凝 土 分 厘 毫 卫 生 供 热

采 暖 排 水 通 风

一 二 三 四 建 筑 工 程 制 图 东 南 西 北

2. 数字和英文字母。

1 2 3 4 5 6 7 8 9 0

A B C D E F G H I J K L M

N O P Q R S T U V W X Y Z

a b c d e f g h i j k l m

n o p q r s t u v w x y z

字体练习	班级		姓名		学号	

3. 在 A4 图纸上完成线型练习，绘图比例 1∶1。要求作图准确，线型正确，图面工整、清晰。

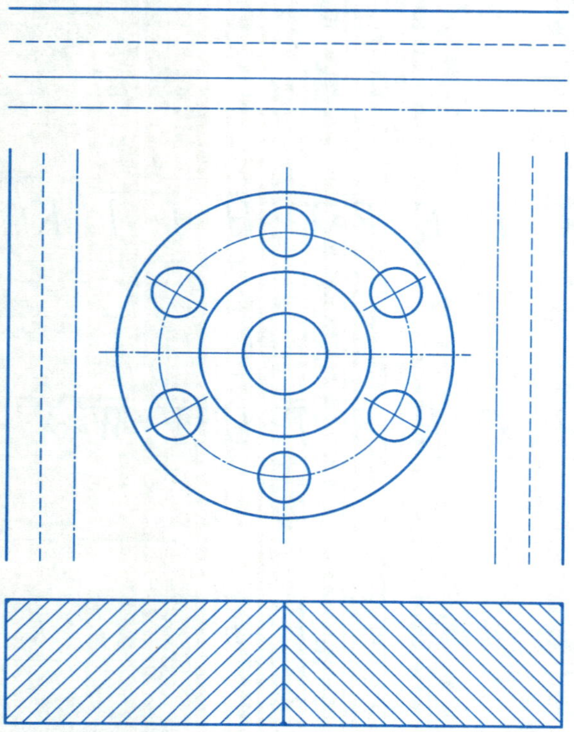

4. 在 A4 图纸上完成线型练习，绘图比例 1∶1。要求连接光滑，尺寸注写正确，图面布置匀称，图线、字体应工整、清晰。

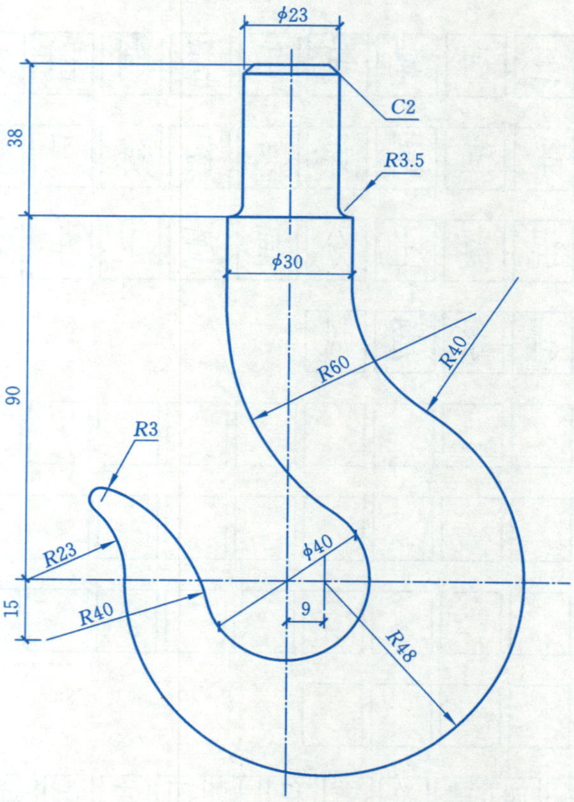

尺规作图	班级		姓名		学号	

第二章　投影法基础知识(填空)

一、基础知识

1. 丁字尺由______和______组成，是用来画______的。它一般由有机玻璃制成。

2. 使用丁字尺画线时，尺头应紧靠图板______，以______扶尺头，使尺______移动。

3. 丁字尺的工作边要保证其______，不能用小刀靠在尺身切割纸张，不用时应将丁字尺______，防止压弯变形。

4. 一副三角板有 2 块，一块是______，另一块是______。三角板规格较多，绘图时一般选用板面______，两直角边有______，边上有______或有______的三角板。

5. 三角板与丁字尺配合使用可画______及与丁字尺工作边成______、______、______等各种斜线。

6. 绘图墨水笔又称针管笔，是专门用来______的，使用时如发现流水不畅，可将笔______，当听到管内有撞击声时，表明管已通。

7. 圆规是______和______的工具，使用前要调整针角，使针尖______铅笔芯或直线笔的笔尖，取好半径，对好圆心，并使圆规略向旋转方向______，按______方向从______开始画圆，画圆或画弧都应______次完成。

8. 比例尺又称______，常用的比例尺一般刻有______种不同的比例刻度，可根据需要选用，绘图时千万不要把比例尺当三角板来画线。

9. ______上刻有多种方形孔、圆形孔、建筑图例、轴线号、详图索引号等，可用来直接绘出各种图样和符号。

10. 曲线板是画______的专用工具，使用曲线板时吻合的点越多越光滑。每描绘一段应不少于吻合______点。

11. 擦图片是用来______的，使用时将应擦去的图线对准擦图片上相应的______，用橡皮轻轻地擦拭，为了防止图纸起毛，规定要按______方向擦。

12. 图纸分______纸和______纸两种。

13. 绘图铅笔的铅芯有硬软分，用 H、B 表示，B 前面的数字越大表示______，H 前面的数字越大表示______，HB 铅笔铅芯可在砂纸上磨成圆锥形用来______、______和写字；B 铅笔铅芯磨成四棱锥形用来______。

14. 图纸有 A0、A1、A2、A3、A4 五种，它们幅面尺寸分别是______、______、______、______、______。

15. 每张图纸都要画图框，图框线用______绘制，图纸以短边作垂直边称为______幅面，以短边作水平边称为______。

16. 图纸的标题栏又称图标，一般绘制在图纸的______。根据工程需要选择确定的尺寸、格式和分区。

17. 会签栏位于图纸的______，其尺寸为 100 mm×20 mm，栏内应填会签人员的专业、姓名、日期等。

18. 工程图纸应按专业顺序编排，一般为图纸目录、总图、______、______、______等。各专业的图纸，应该按图纸内容的主次关系、逻辑关系有序排列。

投影法基础知识	班级		姓名		学号	

19. 建筑工程图线一般有______、______、______、______波浪线等。其中波浪线是表示______。线宽用粗、中、细表示，每个图样应根据复杂程度与比例大小先选定______，再选用相应的______。

20. 同一张图纸内，相同比例的各图样线，应选用相同的______。相互平行的图线，其间隙不宜小于其中的粗线宽度，且不宜小于______。单点长画线或双点长画线，当在较小图形绘制有困难时，可用______代替。单点长画线或双点长画线的两端，不应是______。点画线与点画线交接点应是______交接。

21. 图纸上书写的文字、数字或符号，均应字体______，笔画______，排列______，间隔______。文字的字高是字宽的______，如字高为 H，则字宽为______，书写采用______字体。

22. 汉字的基本笔画是______、______、______、______、______、______、______、______。

23. 字母如需写成斜体字，其斜度应是从字的底线逆时针向上倾斜______。数量的数值注写，应采用______数字，当注写数字小于 1 时，必须写出______，小数点采用圆点，齐基准线书写。

24. 图样的比例应为______的线性尺寸之比，它通常有 3 种比例即______、______、______，1∶100 是______比例，比例宜注在图名的______，字的基准线应取平，比例的字高宜比图名的字高______。

25. 图样上的尺寸，包括______、______、______、______。

26. 尺寸界线用来限定所注尺寸的______，用______绘制，一般应与被注长度______，其一端应离开图样轮廓线不小于______，另一端宜超出尺寸线______，图样轮廓线可用作______。

27. 尺寸线用来表示尺寸的______，尺寸线用______绘制，应与被注长度______，图样本身的任何图线均不得用作尺寸线。

28. 尺寸起止符号表示尺寸的______，一般用______线绘制，其倾斜方向应与尺寸界线成顺时针______，长度为______。半径角度等的起止符号用______表示。

29. 图样上的尺寸数字表示物体的______，与采用的比例无关。图样上的尺寸单位，除标高及总平面以______为单位外，其他必须以______单位。

30. 尺寸数字一般依据方向注写在靠尺寸线的______。如果注写位置小，最外边的尺寸数字写在尺寸线的______，中间相邻的尺寸数字可______注写。

31. 尺寸应标注在图样轮廓线______，不宜与图线、文字及符号等相交。互相平行的尺寸线，应从被注写的图样轮廓线______，较小尺寸应离轮廓线______，较大尺寸应离轮廓线______。

32. 图样轮廓线以外的尺寸界线，距图样最外轮廓之间的距离不宜小于______平行排列的尺寸线的间距宜为______，并应保持一致。

33. 半径的尺寸线从______开始，另一端画箭头指向圆弧，半径数字前应加符号______，直径数字前加______，球半径数字前加______，球直径数字前加______。

投影法基础知识	班级		姓名		学号	

34. 角度的尺寸线应以圆弧表示，该圆弧的圆心应是该角的________，角的两条边为________，起止符号以________表示，角度数字应按________方向注写。

35. 标注圆弧的弦长时，尺寸线以________该弦的直线表示，尺寸界线应________该弦，起止符号用________线表示。

36. 标注坡度时应加坡度符号________。

二、投影理论

1. 投影法分为______投影法和______投影法两大类，我们绘图时使用的是______投影法中的______投影法。

2. 当投射线互相________，并与投影面______时，物体在投影面上的投影叫________。按正投影原理画出的图形叫________。

3. 一个投影__________确定物体的形状，通常在工程上多采用________。

4. 一个点在空间的位置有以下三种：__________、__________、__________。

5. 当直线(或平面)平行于投影面时，其投影________，这种性质叫________性；当直线(或平面)垂直于投影面时，其投影________，这种性质叫________性；当直线(或平面)倾斜于投影面时，其投影________，这种性质叫______性。

6. 直线按其对投影面的相对位置不同，可分为_______、_______和________三种。

7. 平面按其对投影面的相对位置不同，可分为_______、_______和________三种。

8. 与一个投影面垂直的直线，一定与其他两个投影面______，这样的直线称为投影面的________线，具体又可分________、________、________。

9. 与一个投影面平行，与其他两个投影面倾斜的直线称为投影面的______线，具体又可分为________、________、________。

10. 与一个投影面垂直，而与其他两个投影面________的平面称为投影面的________，具体又可分为________、________、________。

11. 与一个投影面平行，一定与其他两个投影面______，这样的平面称为投影面的________面，具体又可分为________、________、________。

12. 空间两直线的相对位置有________、________、________三种。

13. 两直线平行，其三面投影一定__________；两直线相交，其三面投影必然__________，并且交点__________；既不平行，又不相交的两直线，一定________。

14. 轴测投影根据投影方向与投影面的角度不同，分为________和________两大类。

15. 根据三个轴向伸缩系数的不同，正轴测投影和斜轴测投影又各分为______________三种。最常用的轴测图为________和________。

16. 正等测图的轴间角为________，轴向伸缩系数为________。斜二测图的轴间角为________，轴向伸缩系数为________。

17. 立体分为__________和__________两种，所有表面均为平面的立体称为________，包含有曲面的立体称为________。

投影法基础知识	班级		姓名		学号	

18. 常见的平面体有______、______、______等。常见的回转体有______、______、______、______等。

19. 立体被平面截切所产生的表面交线称为______。两立体相交所产生的表面交线称为______。立体表面交线的基本性质是______和______。

20. 平面体的截交线为封闭的______，其形状取决于截平面所截到的棱边个数和交到平面的情况。曲面体的截交线通常为______或______，求作相贯线的基本思路为______。

21. 圆柱被平面截切后产生的截交线形状有______、______、______三种。

22. 圆锥被平面截切后产生的截交线形状有______、______、______、______、______五种。

23.平面立体一般要标注______三个方向的尺寸，回转体一般只标注______和______的尺寸。

24. 组合体的视图上，一般应标注出______、______和______三种尺寸，标注尺寸的起点称为尺寸的______。

三、组合体的三视图

1. 主视图所在的投影面称为______，简称______，用字母______表示。俯视图所在的投影面称为______，简称______，用字母______表示。左视图所在的投影面称为______，简称______，用字母______表示。

2. 主视图是由______向______投射所得的视图，它反映形体的______和______方位，即______方向；俯视图是由______向______投射所得的视图，它反映形体的______和______方位，即______方向；左视图是由______向______投射所得的视图，它反映形体的______和______方位，即______方向。

3. 三视图的投影规律是：主视图与俯视图______；主视图与左视图______；俯视图与左视图______。远离主视图的方向为______方，靠近主视图的方向为______方。

4. 组合体的组合类型有______型、______型、______型三种。

5. 形体表面间的相对位置有______、______、______、______四种。

6. 组合体形体分析的内容有分析______、______、______、______。

7. 绘制组合体三视图的方法有______、______、______。识读组合体三视图的方法有______和______。

第三章　点、线、面的投影

一、点的投影

（一）知识梳理

1. 点的投影概念

将空间点 A 放置在三面投影体系中，过点 A 分别做垂直于 H 面、V 面、W 面的投影线，则：

投影线与 H 面的交点称为 A 点的水平投影；

投影线与 V 面的交点称为 A 点的正面投影；

投影线与 W 面的交点称为 A 点的侧面投影。

点的投影三维展示见下图：

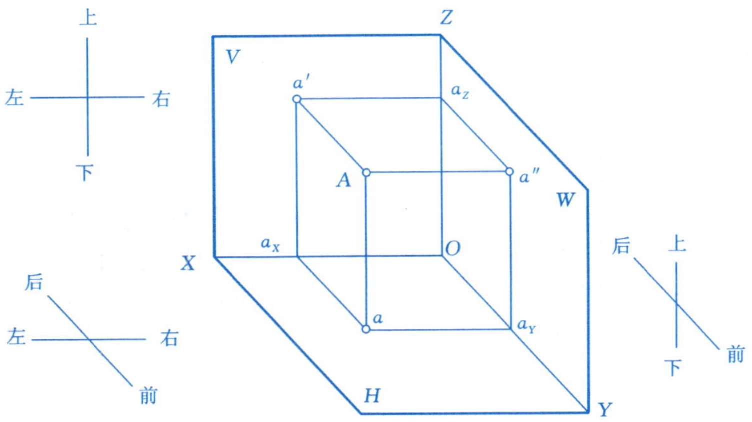

2. 点的投影表示方法

（1）空间点用大写字母表示。

（2）其在 H 面的投影用相应小写字母表示。

（3）其在 V 面的投影用相应小写字母右上角加一撇表示。

（4）其在 W 面的投影用相应小写字母右上角加两撇表示。

如左图中，空间点 A 的三面投影分别用 a、a'、a''表示。

3. 点的投影位置及其特征

（1）点在空间：当点在三个投影面的距离都不为零时，此时点在空间，该点称为一般位置点。

特征：该点的三个投影分别在三个投影面上。

（2）点在投影面上：当点的三个坐标中有一个坐标为零时，则该点在某一投影面上。

特征：该点在投影面上的投影与该点的空间位置重合，而另外两个投影位于相应的投影轴上。

（3）点在投影轴上：当点的三个坐标中有两个坐标为零时，则该点在某一投影轴上。

特征：该点的两个投影在投影轴上，并与空间点重合。另外一个投影与原点 O 重合。

（4）点在原点：空间点在原点。

特征：三个投影都重合在原点 O 处。

重点：长对正，高平齐，宽相等。

（二）例题精解

【例 3.1】 已知 A 点的两面投影，求其第三投影。

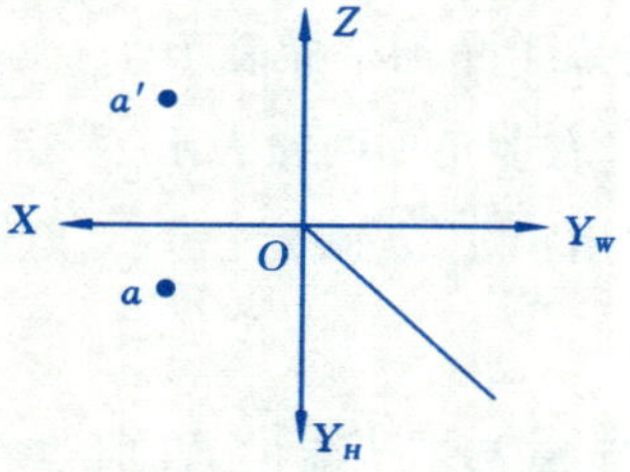

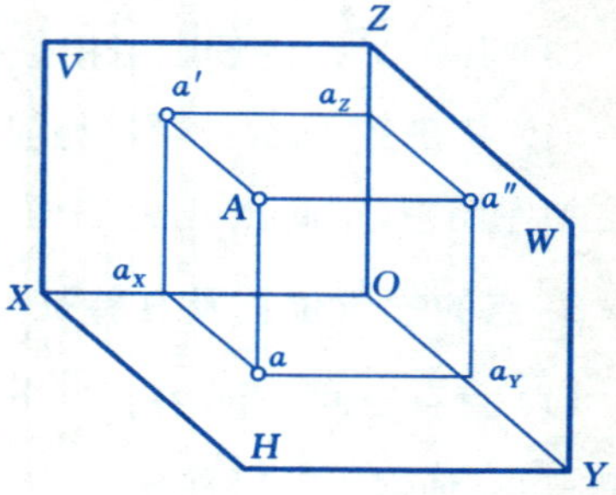

（1）第一步长对正

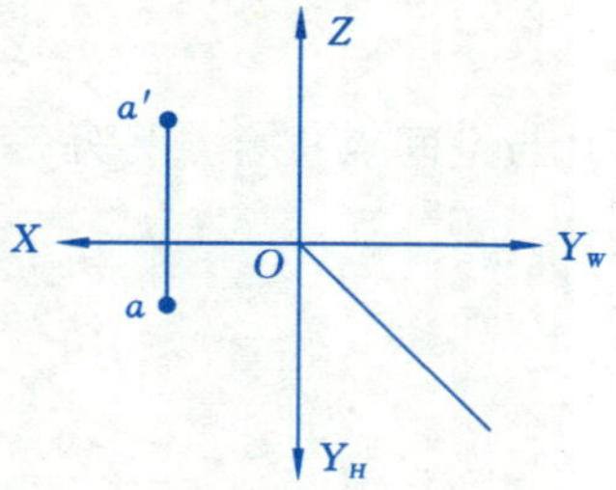

先将 a、a' 两个已知点相连。

（2）第二步：高平齐

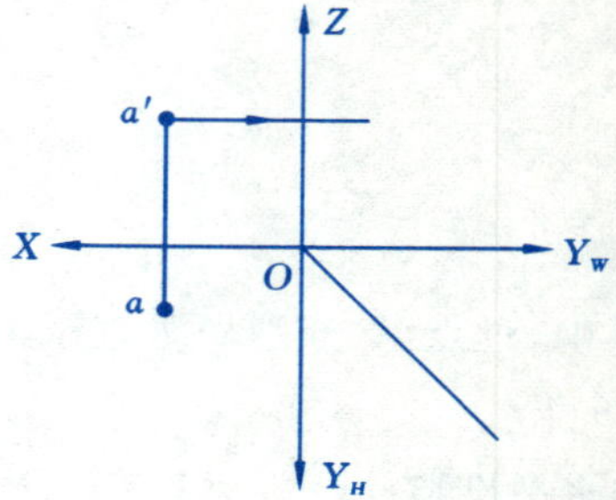

过点 a' 做垂直于 OZ 轴的直线，引入侧立面。

（3）第三步：宽相等

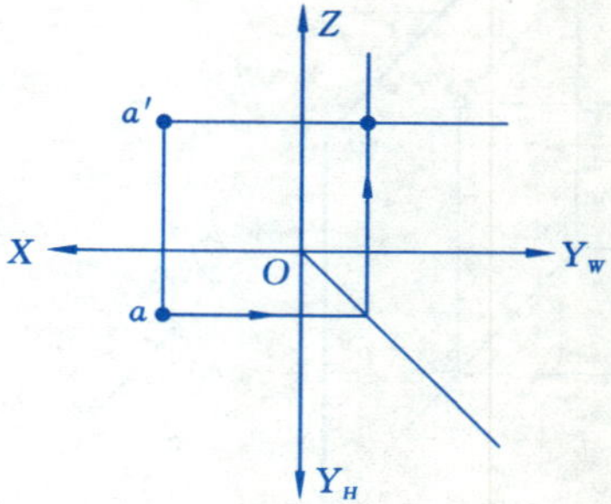

过点 a 做垂直于 OY_H 轴的直线，在交 45°斜线处向上反，垂直于 OY_W 轴，引入侧立面。

(4) 第四步：交点即为所求第三投影点

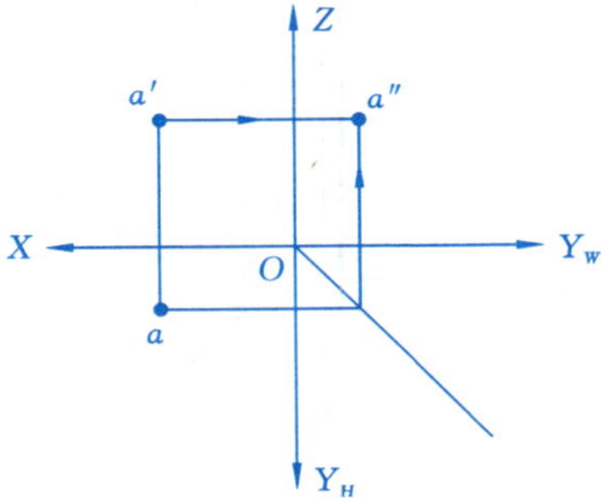

两条引线相交点，即为所求投影点 a''。

完整答案：

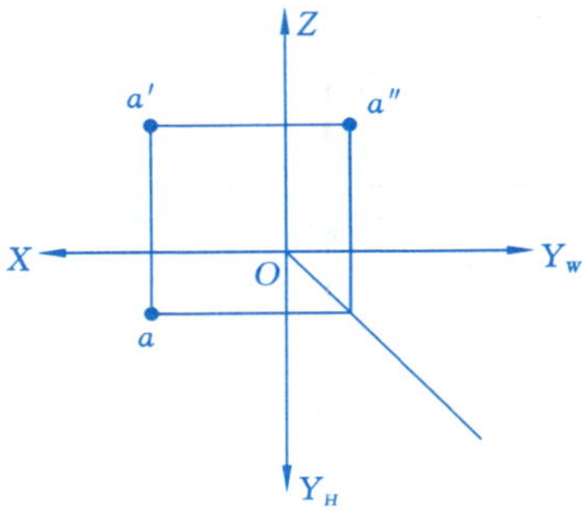

立体图：

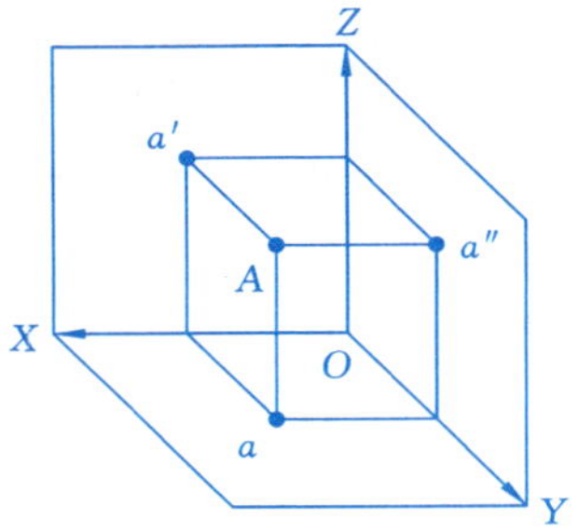

【例 3.2】 根据直观图，作出 B 点的三面正投影图。

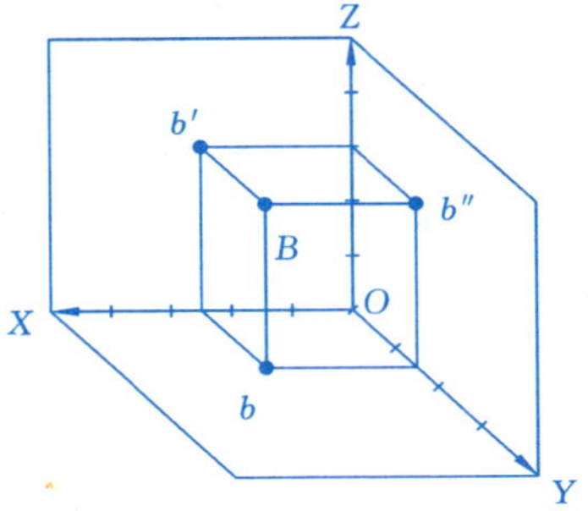

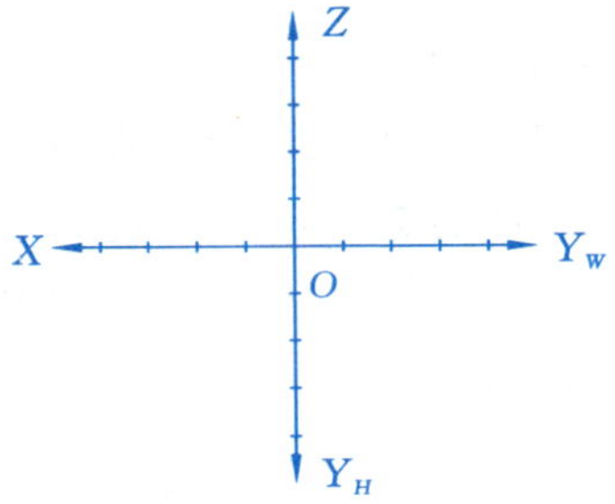

第一步：量取尺寸

按所给轴线上尺寸刻度画出三条辅助线。

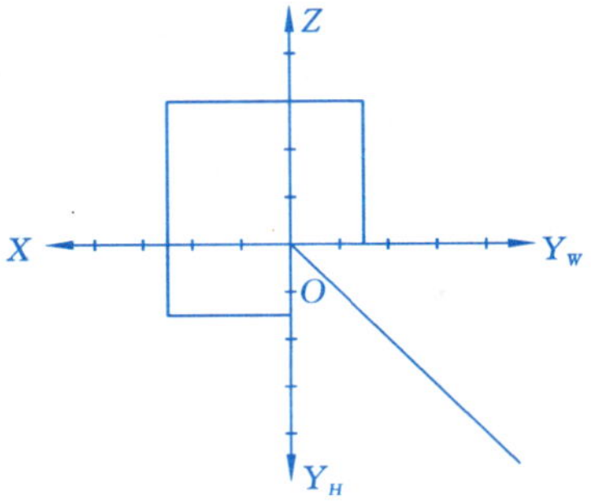

第二步：

（1）将 OZ 轴上与 OX 轴上的辅助线的交点标为 b' 点。

（2）将 OZ 轴上与 OY 轴上的辅助线的交点标为 b'' 点。

（3）将 OY 轴上与 OX 轴上的辅助线的交点标为 b 点。

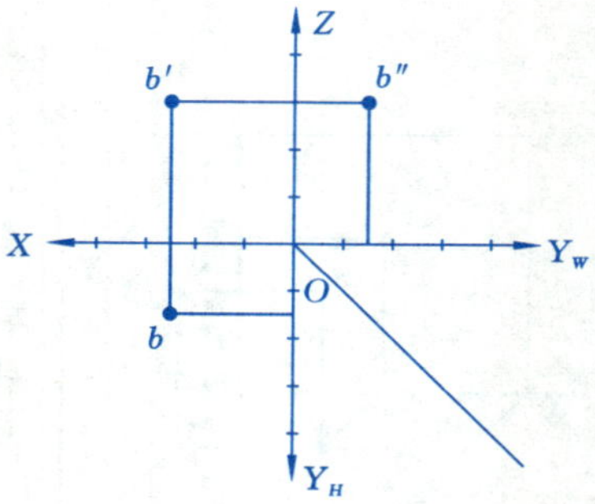

第一步：定出点 A 的三面投影

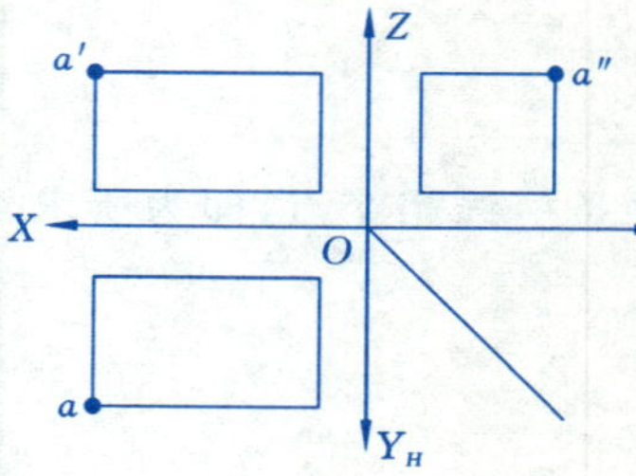

第二步：定出点 B 的三面投影

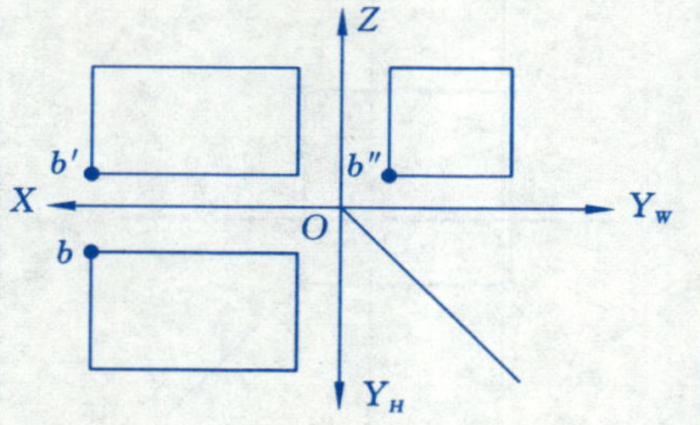

【例 3.3】 已知房屋直观图和点 A、B、C 位置，将投影点标在投影图相对应的位置上。

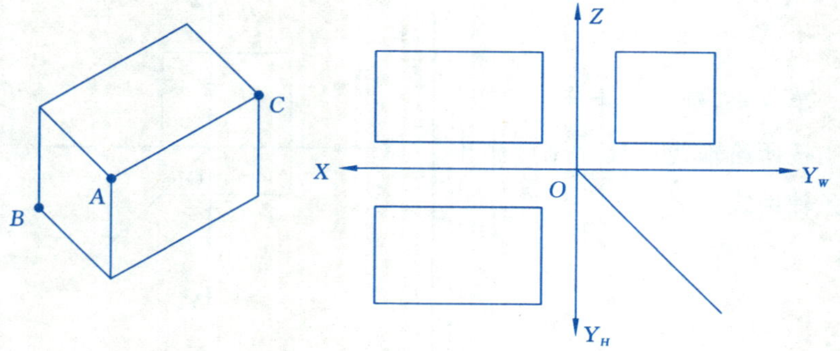

第三步：定出点 C 的三面投影

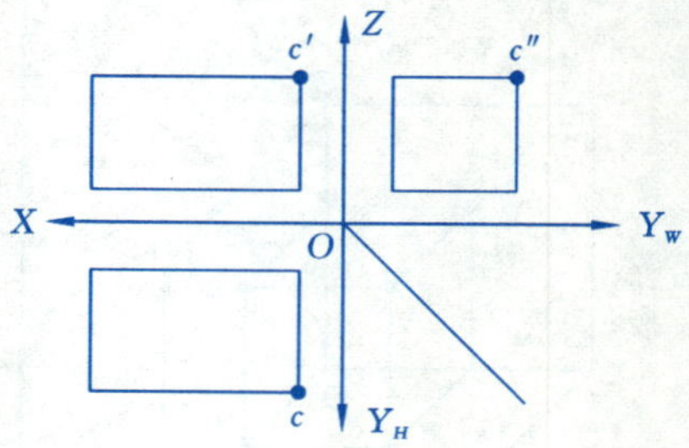

第四步：综合分析重影点加括号

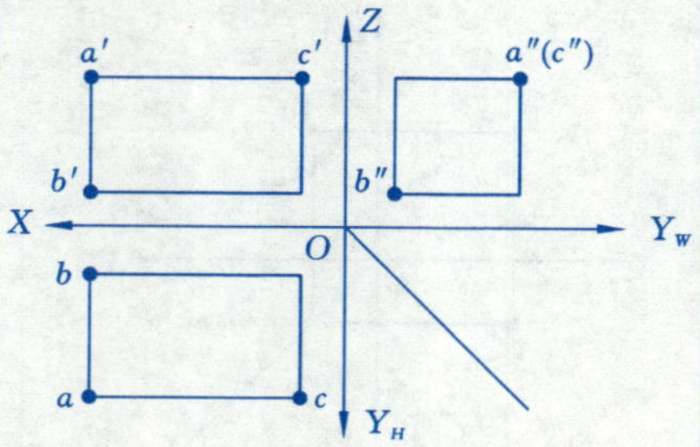

（三）实训练习

1. 已知 A 点的两面投影，画出第三投影，并判断出 A 点的空间位置。

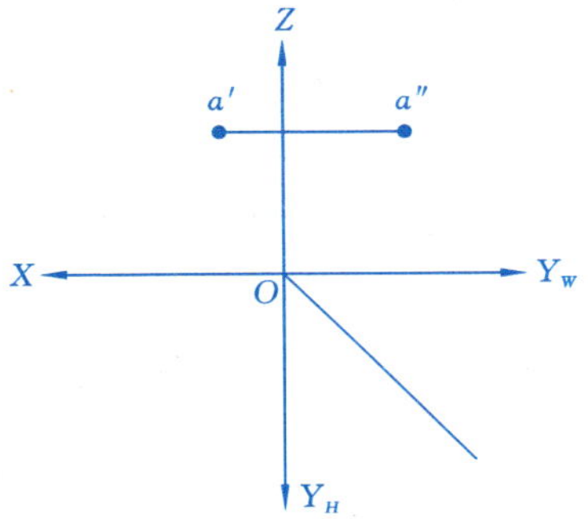

点 A ______________

2. 已知 B 点的两面投影，画出第三投影，并判断出 B 点的空间位置。

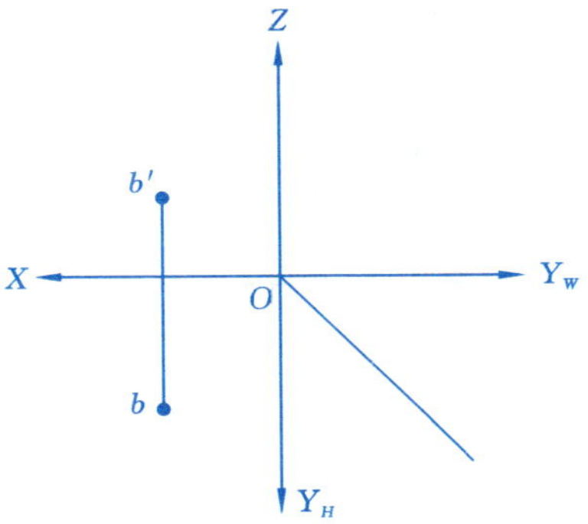

点 B ______________

3. 已知 C 点的两面投影，画出第三投影，并判断出 C 点的空间位置。

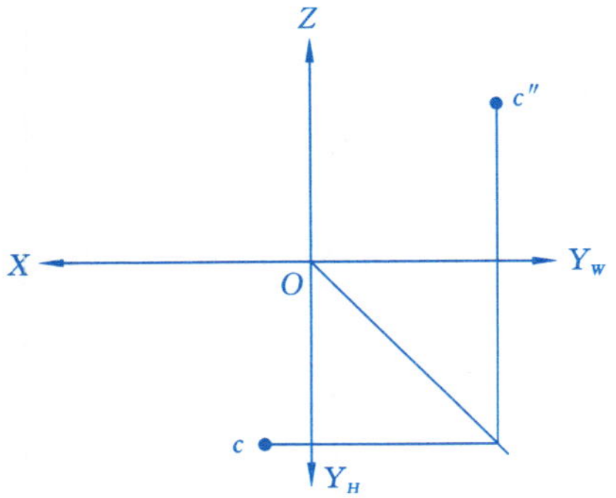

点 C ______________

4. 已知 D 点的两面投影，画出第三投影，并判断出 D 点的空间位置。

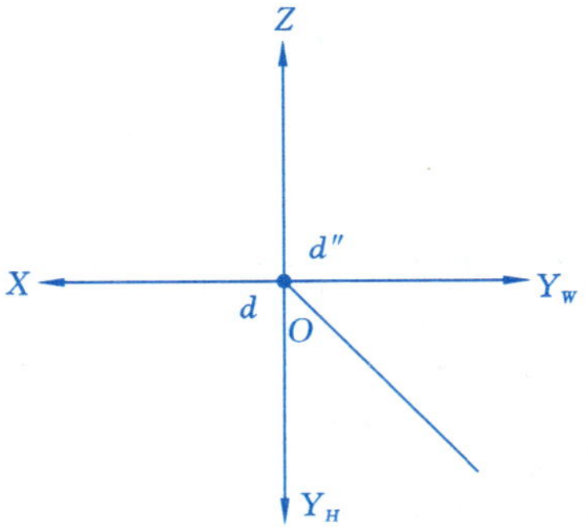

点 D ______________

点的投影练习	班级		姓名		学号	

5. 已知 E 点的两面投影，画出第三投影，并判断出 E 点的空间位置。

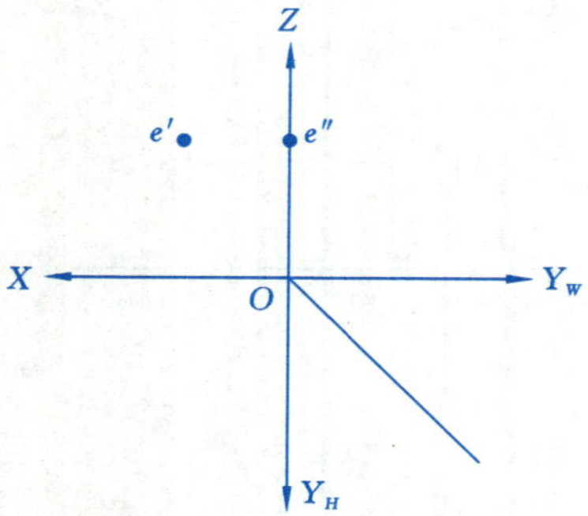

点 E ____________

6. 已知 F 点的两面投影，画出第三投影，并判断出 F 点的空间位置。

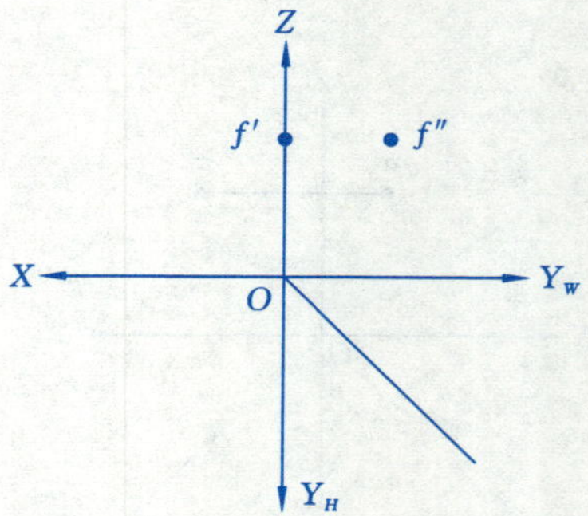

点 F ____________

7. 已知 G 点的两面投影，画出第三投影，并判断出 G 点的空间位置。

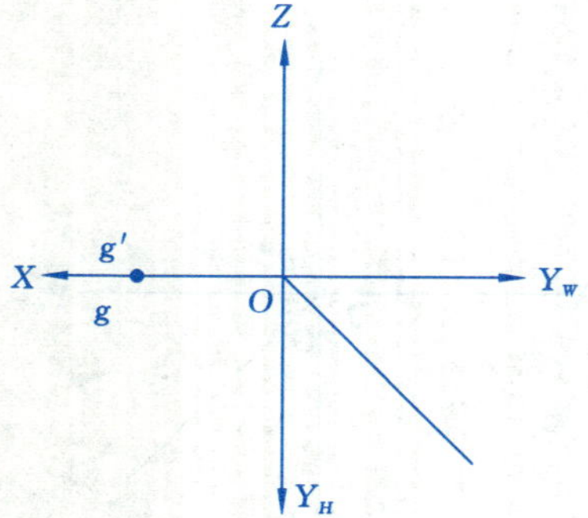

点 G ____________

8. 已知 H 点的两面投影，画出第三投影，并判断出 H 点的空间位置。

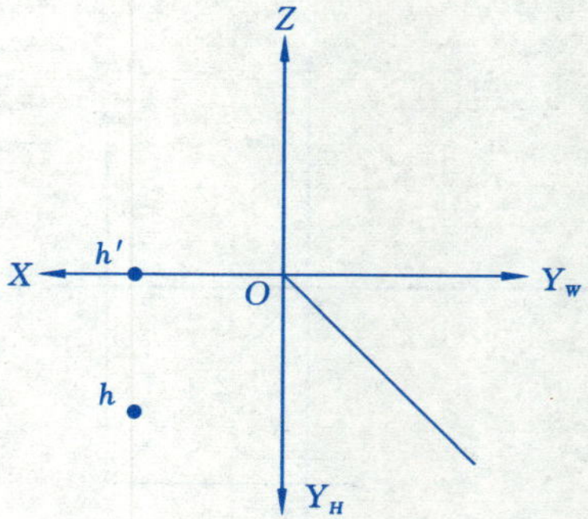

点 H ____________

点的投影练习	班级		姓名		学号	

9. 已知 I 点的两面投影，画出第三投影，并判断出 I 点的空间位置。

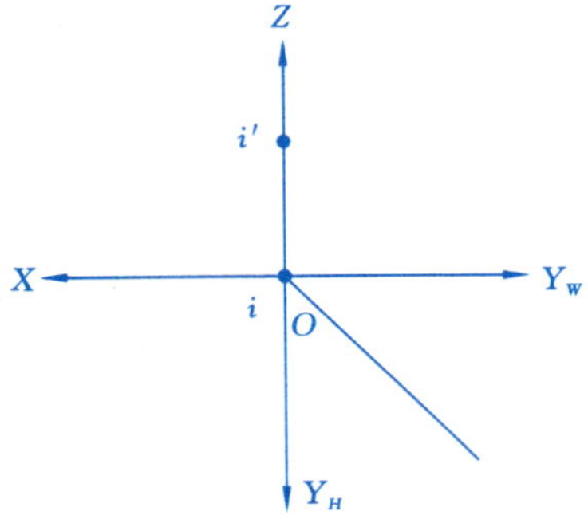

点 I ________

10.根据点的坐标，画出点的三面正投影图。

A(25,20,22)

B(16,15,18)

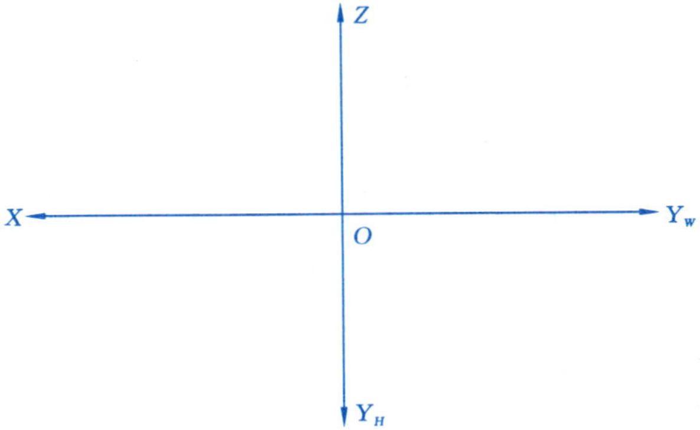

11. 根据点的坐标，画出点的三面正投影图。

C(15,18,0)

D(25,0,12)

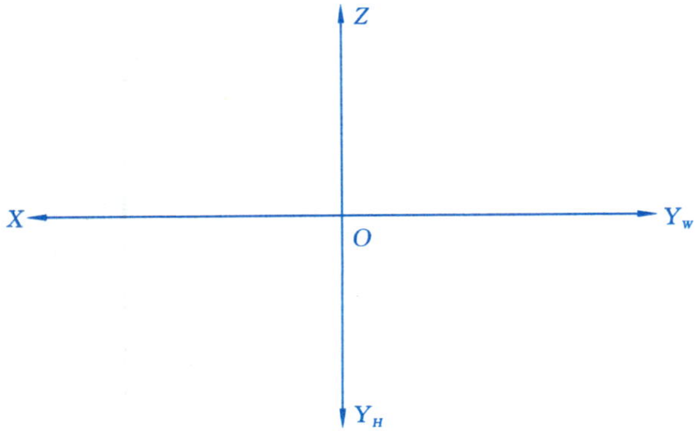

12. 根据点的坐标，画出点的三面正投影图。

E(0,0,20)

F(0,25,0)

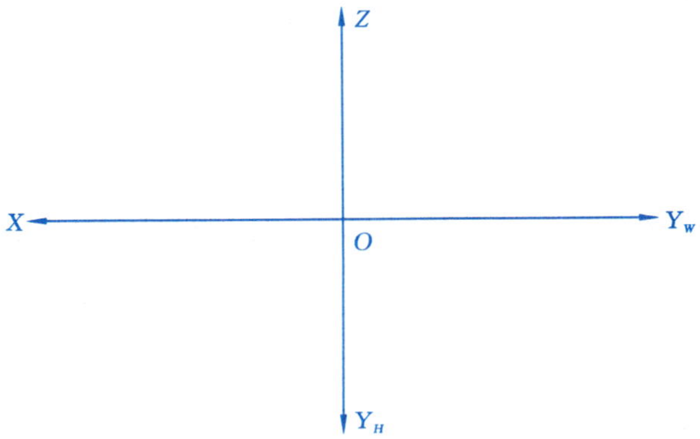

点的投影练习	班级		姓名		学号	

13. 根据给出距离，画出点的三面正投影图。

A 点距离 H 面 30 mm，距离 V 面 20 mm，距离 W 面 24 mm。

B 点距离 H 面 0 mm，距离 V 面 20 mm，距离 W 面 15 mm。

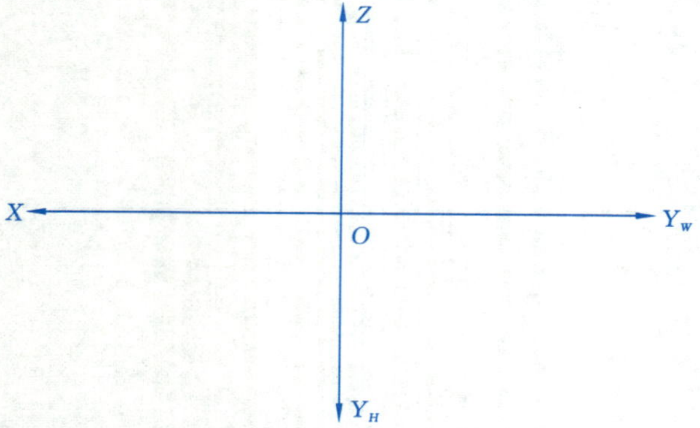

14. 根据给出距离，画出点的三面正投影图。

C 点距离 H 面 15 mm，距离 V 面 0 mm，距离 W 面 0 mm。

D 点距离 H 面 0 mm，距离 V 面 25 mm，距离 W 面 0 mm。

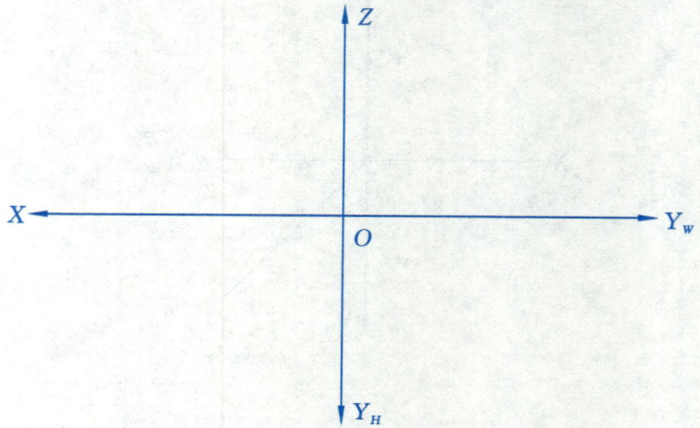

15. 量出各点到投影面的距离并填空。

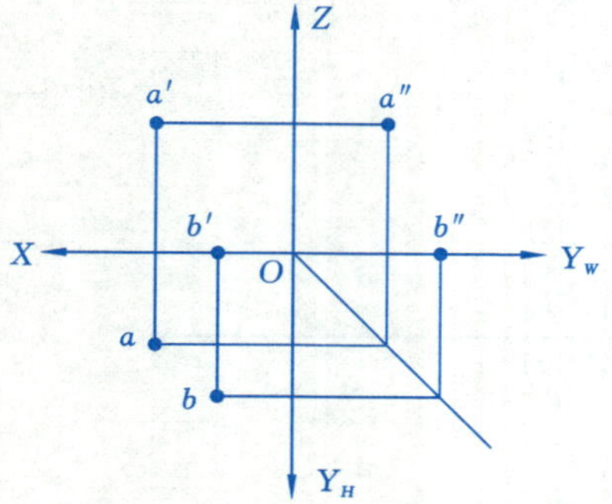

点 A 距 V 面________ mm

点 A 距 H 面________ mm

点 A 距 W 面________ mm

点 A 是________位置点

点 A 坐标为(　　　　)

点 B 距 V 面________ mm

点 B 距 H 面________ mm

点 B 距 W 面________ mm

点 B 是________位置点

点 B 坐标为(　　　　)

16. 已知 A、B、C 投影，比较相对位置（上下、左右、前后）并填空。

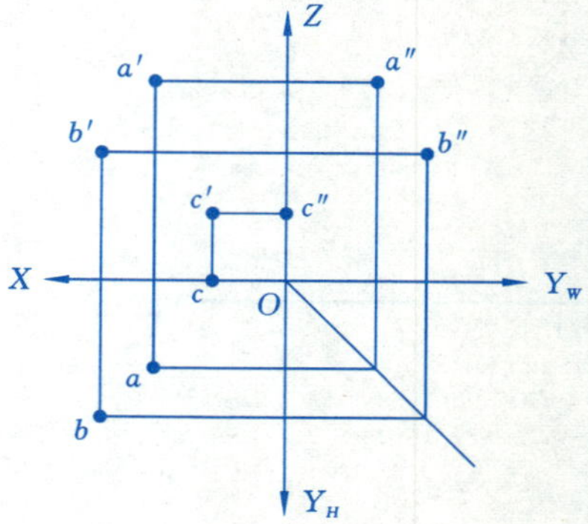

点________在点 B 的上方

点________在点 A 的右方

点________在点 A 的前方

点 A 在点 B 的________方

点 B 在点 C 的________方

点________最高，点________最低

点________最左，点________最右

点________最前，点________最后

点的投影练习	班级		姓名		学号	

17. 已知点 A 的投影，点 B 在点 A 的前方 5 mm、左方 10 mm、下方 15 mm，画出点 B 的三面投影。

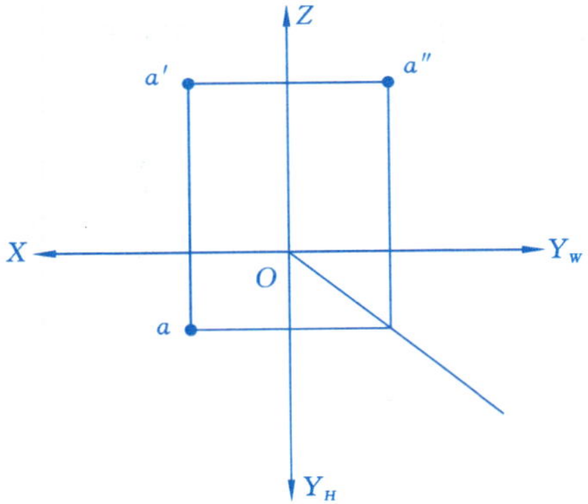

18. 填写 A、B、C、D、E 五点的相对位置。

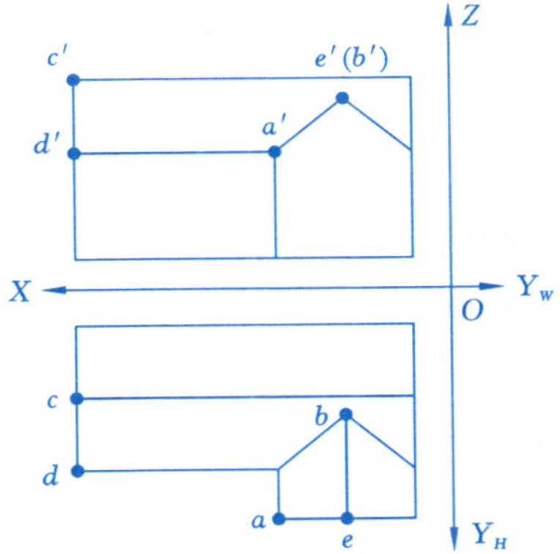

点 A 在点 B 的________方

点 B 在点 E 的________方

点 A 在点 D 的________方

点 A 在点 E 的________方

点 C 在点 D 的________方

19. 已知点 A 的投影，求点 B、C、D 的投影，使点 B 在点 A 的正右方 8 mm，点 C 在点 A 的正前方 15 mm，点 D 在点 A 的正下方 12 mm，注意重影点。

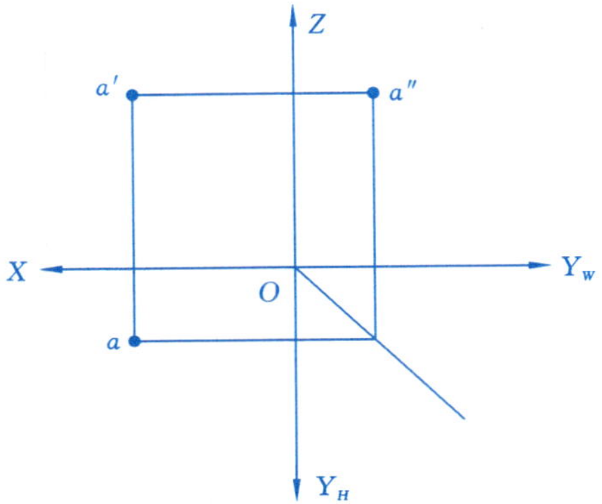

20. 求出 A、B、C、S 的第三投影，并把同名投影用直线连接起来。

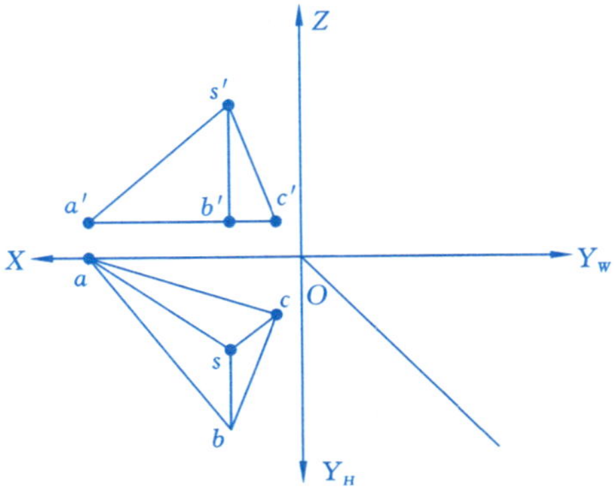

点的投影练习	班级		姓名		学号	

二、直线的投影

（一）知识梳理

1. 直线的投影特性

直线平行于投影面时，其投影反应直线的实长。

直线垂直于投影面时，其投影积聚为一点。

直线倾斜于投影面时，其投影是缩短的直线。

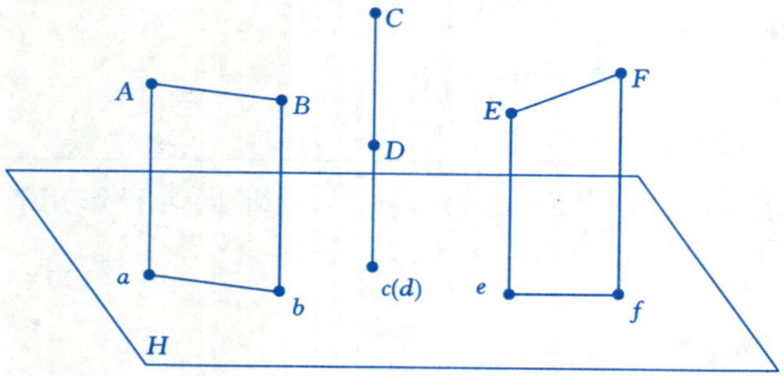

2. 直线投影作图方法

两点决定一条直线，所以作直线的三面投影首先要作出直线上两点的三面投影，然后分别连接两点的同名投影。

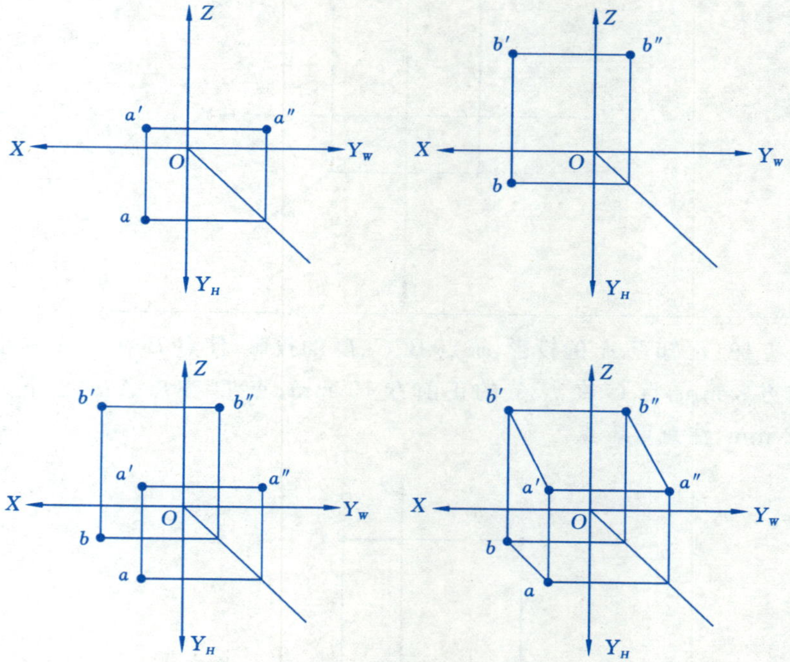

3. 各种位置直线的投影

空间直线对投影面的相对位置可分为三种：一般位置直线、投影面平行线、投影面垂直线。

（1）一般位置直线：三斜

倾斜于三个投影面的直线，它在投影面上的投影都为倾斜于投影轴的缩短线段。

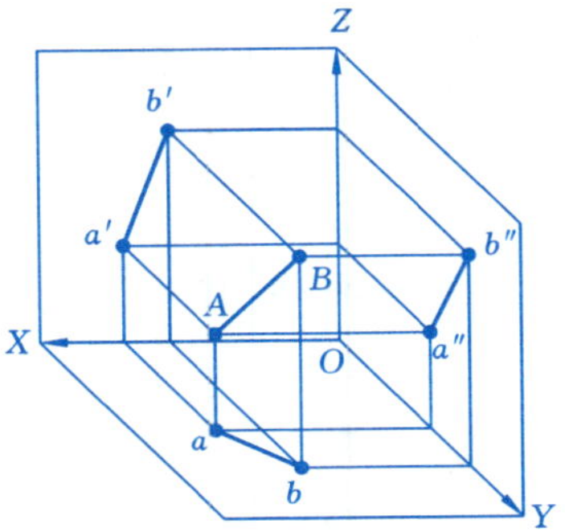

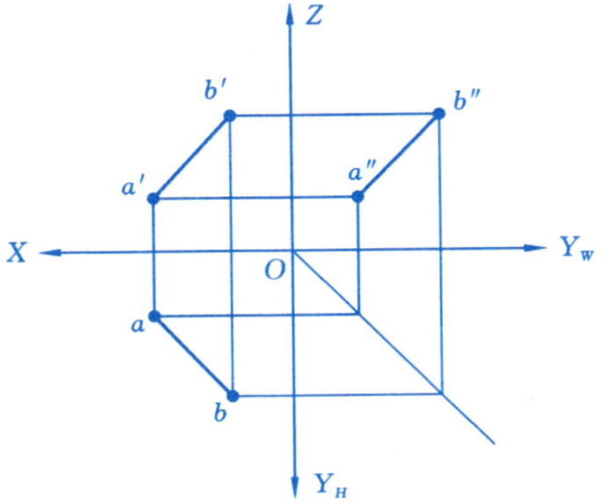

（2）投影面平行线：一斜两直

仅平行于一个投影面，而倾斜于另两个投影面的直线。

① *H* 面平行线——平行于 *H* 面，而倾斜于 *V*、*W* 面的直线，称作水平线。

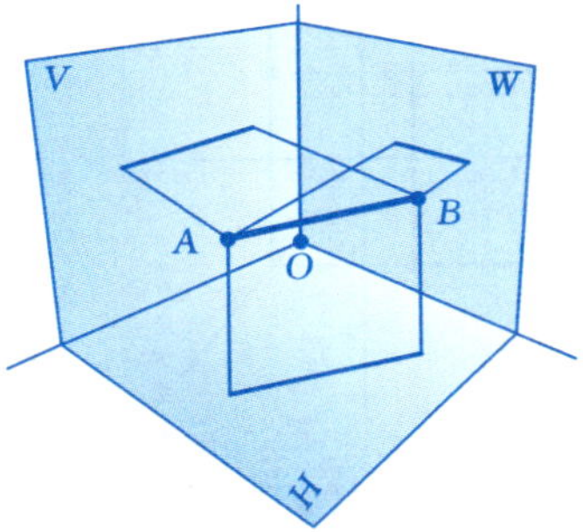

水平线 *AB* 直观图

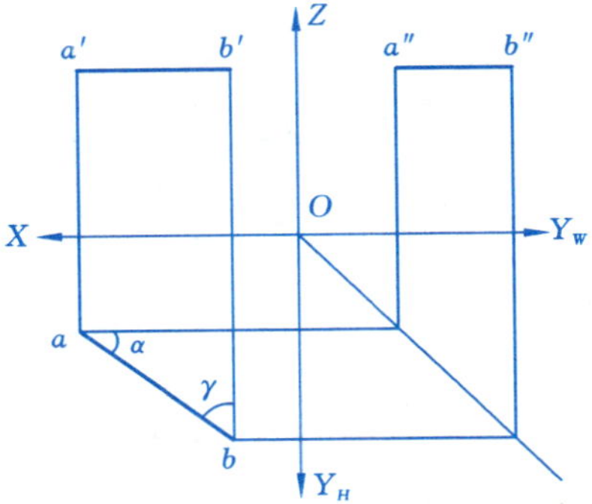

水平线投影图

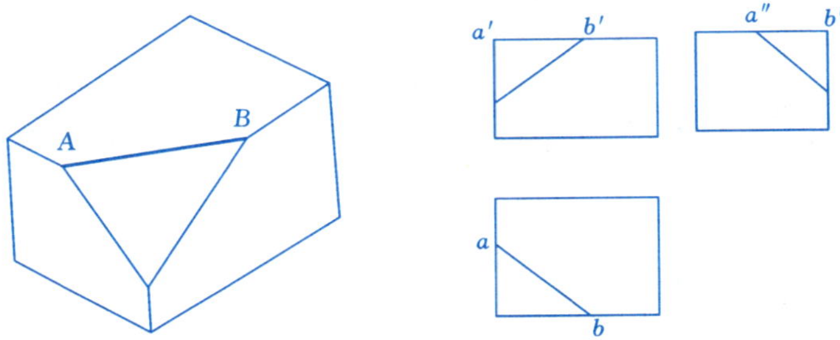

水平线实例图

②V面平行线——平行于V面，而倾斜于H、W面的直线，称作正平线。

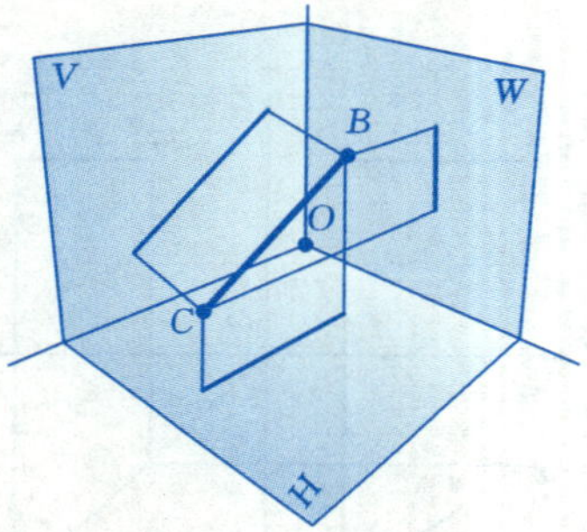

正平线 BC 直观图

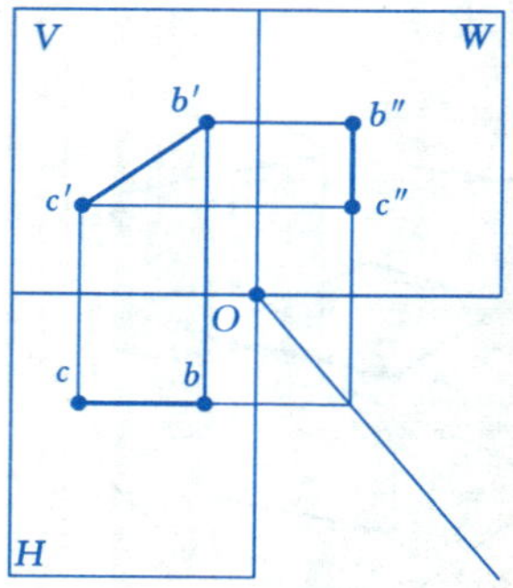

正平线投影图

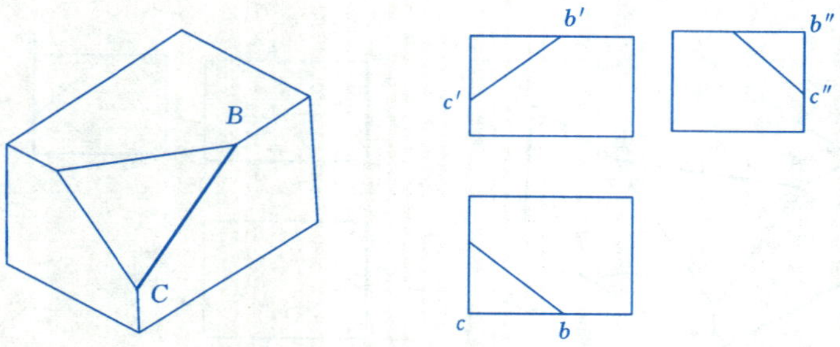

正平线实例图

③W面平行线——平行于W面，而倾斜于H、V面的直线，称作侧平线。

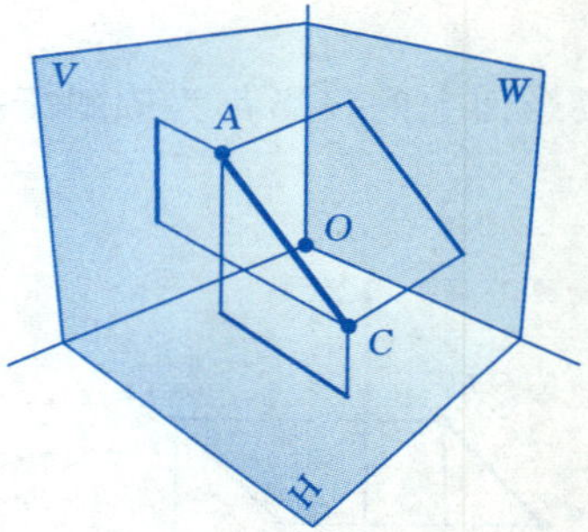

侧平线 AC 直观图

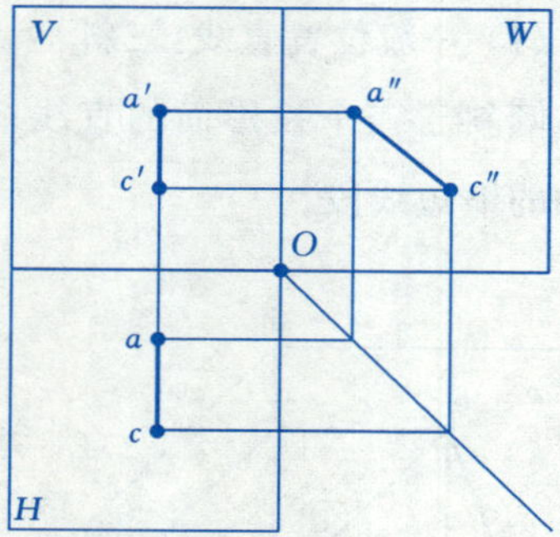

侧平线投影图

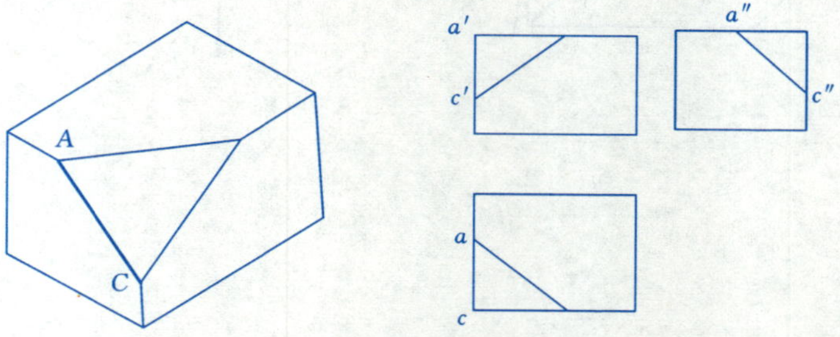

侧平线实例图

(3) 投影面垂直线:一点两直

垂直于一个投影面,而平行于其他两个投影面的直线。

① H 面垂直线——垂直于 H 面,而平行于 V、W 面的直线,称作铅垂线。

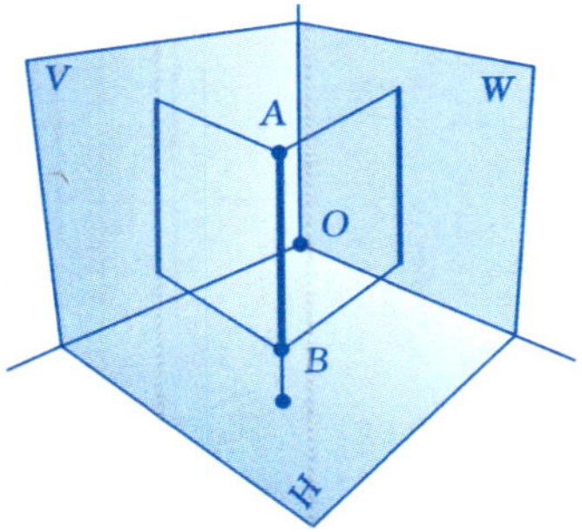

铅垂线 AB 直观图

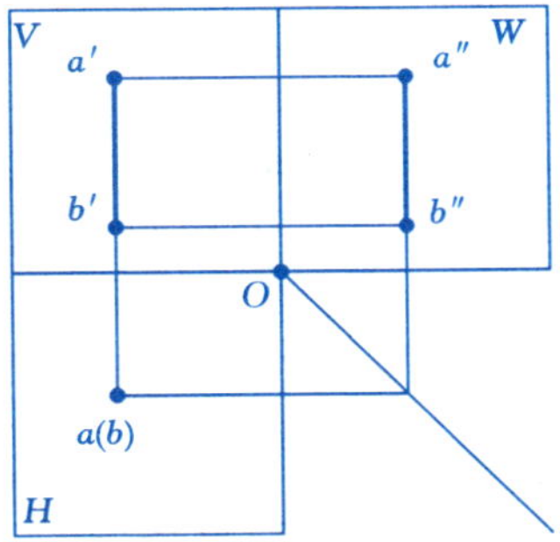

铅垂线投影图

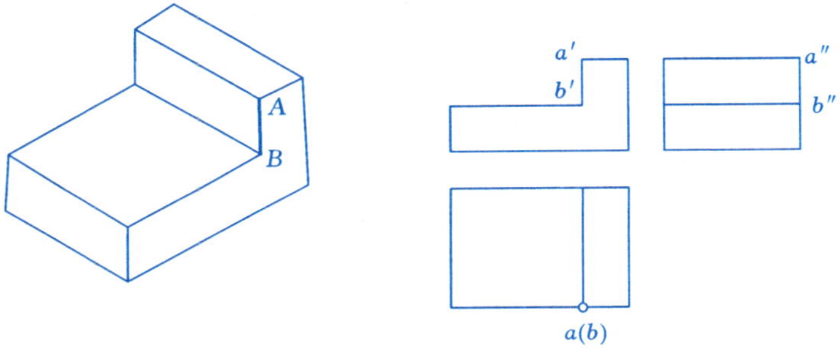

铅垂线实例图

② V 面垂直线——垂直于 V 面,而平行于 H、W 面的直线,称作正垂线。

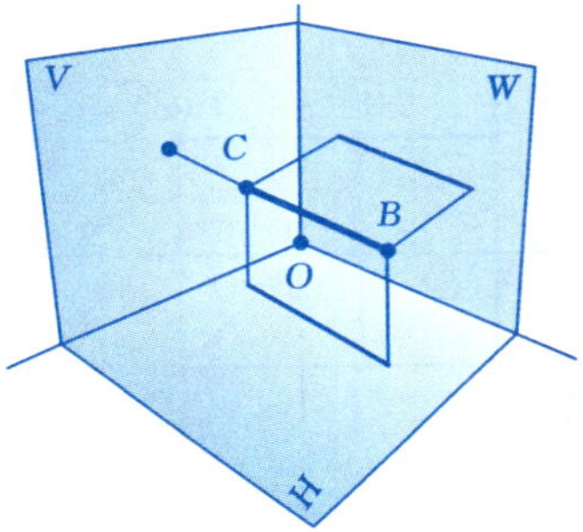

正垂线 BC 直观图

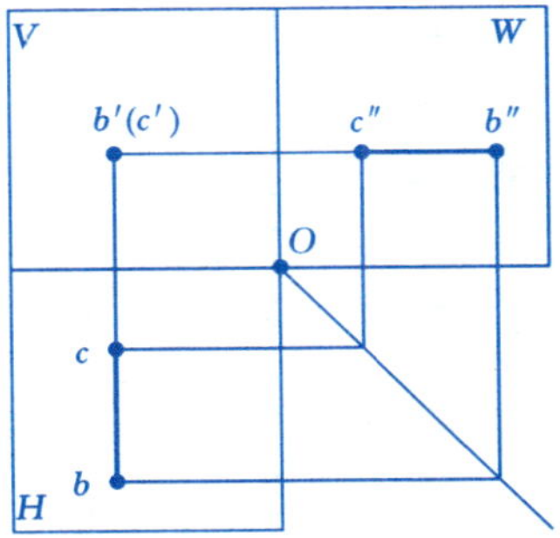

正垂线投影图

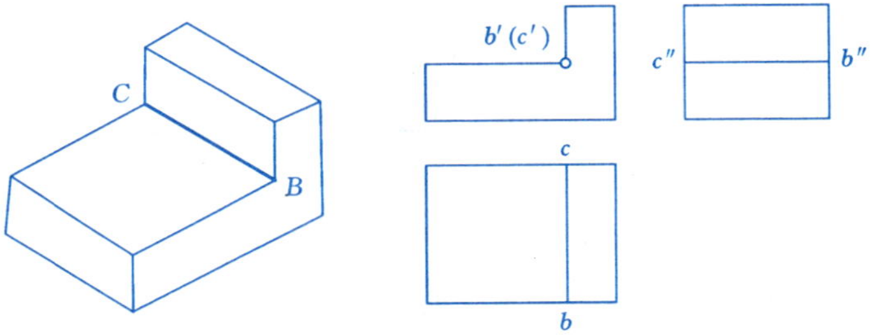

正垂线实例图

③ W 面垂直线——垂直于 W 面，而平行于 H、V 面的直线，称为侧垂线。

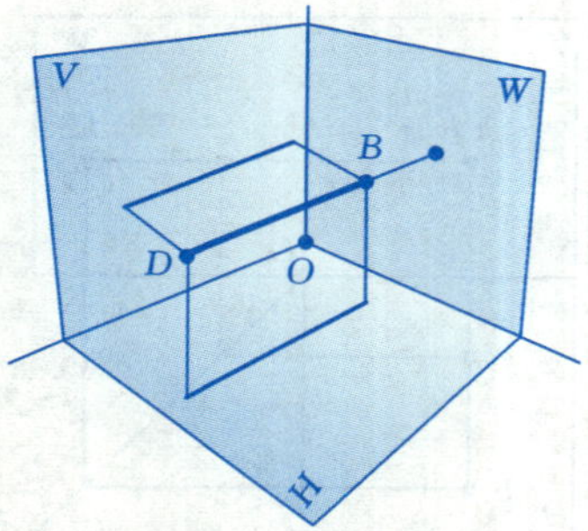

侧垂线 BD 直观图

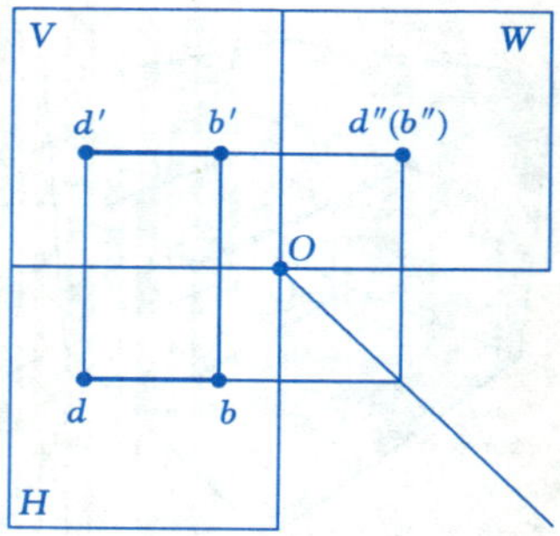

侧垂线投影图

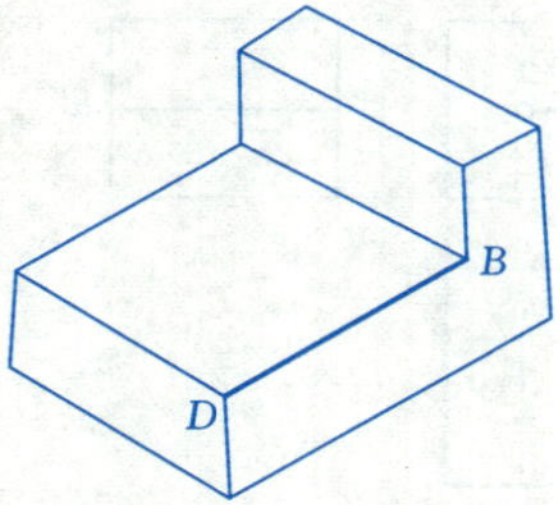

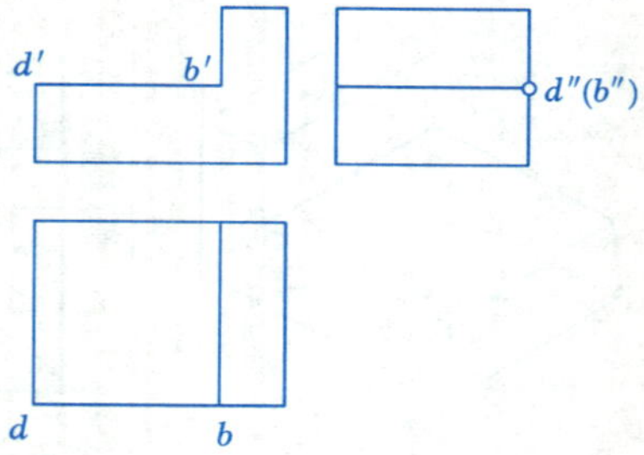

侧垂线实例图

（二）例题精解

【例 3.4】 已知直线 AB 的两面投影，求其第三投影。

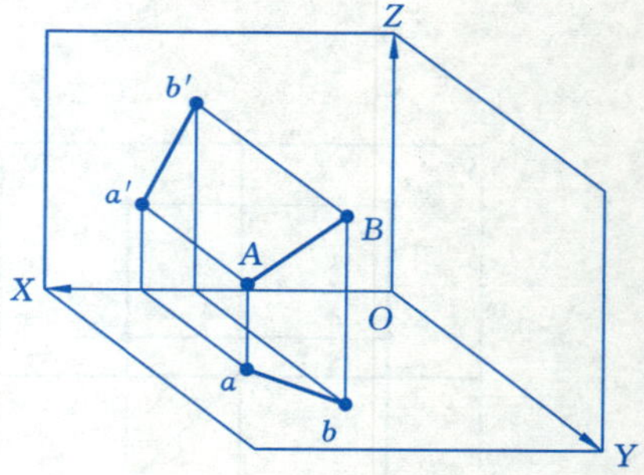

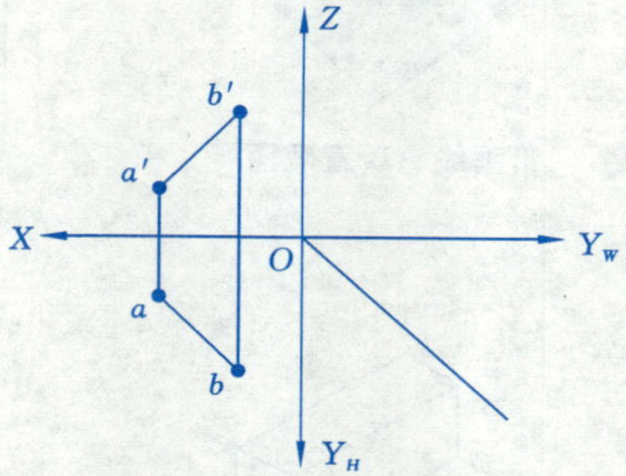

第一步：高平齐

先将 a'、b' 两个已知点向侧立面上引线。

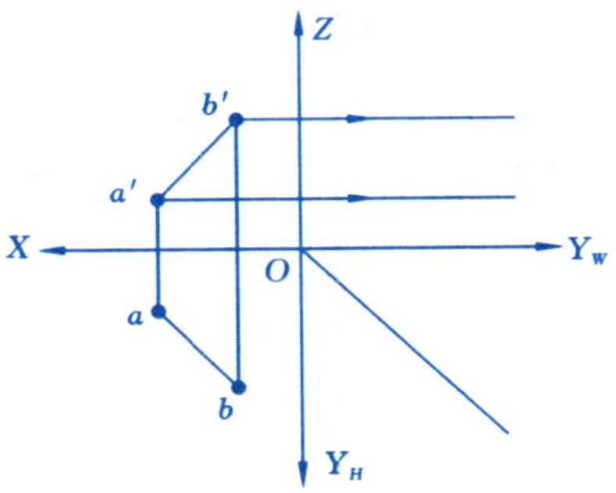

第二步：宽相等

再将 a、b 两个已知点向侧立面上引线。

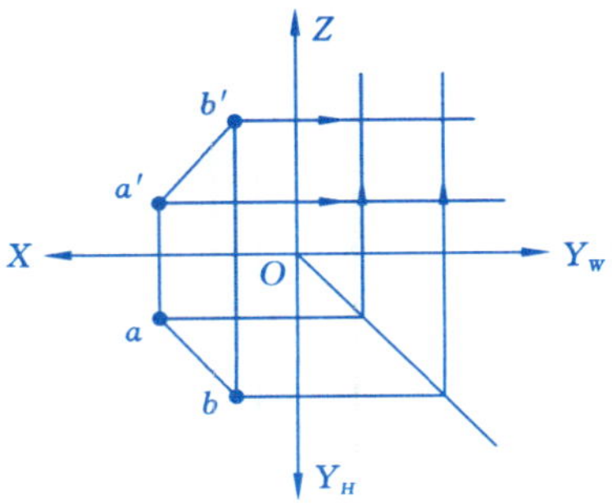

第三步：确定交点后连线

① 按顺序将 a' 与 a 的引线相交，交点即为所求 a''。

② 按顺序将 b' 与 b 的引线相交，交点即为所求 b''。

③ 将 A、B 同名投影连成线。

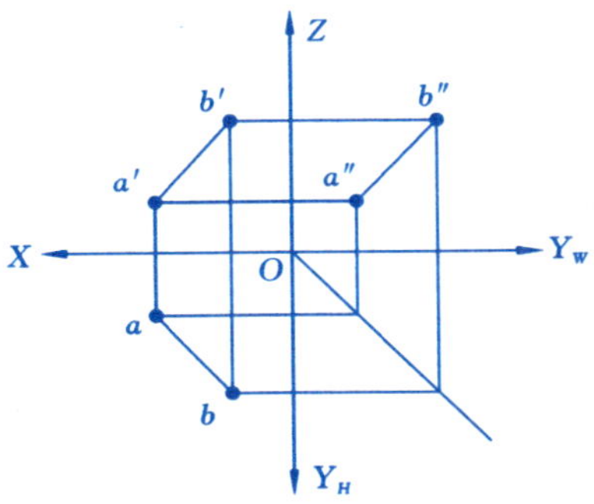

完整答案：

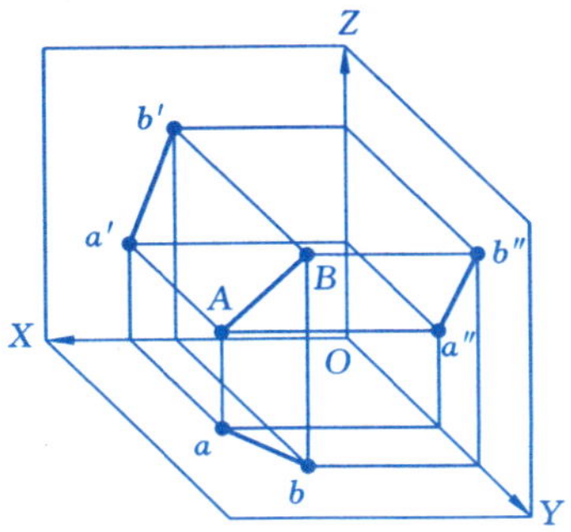

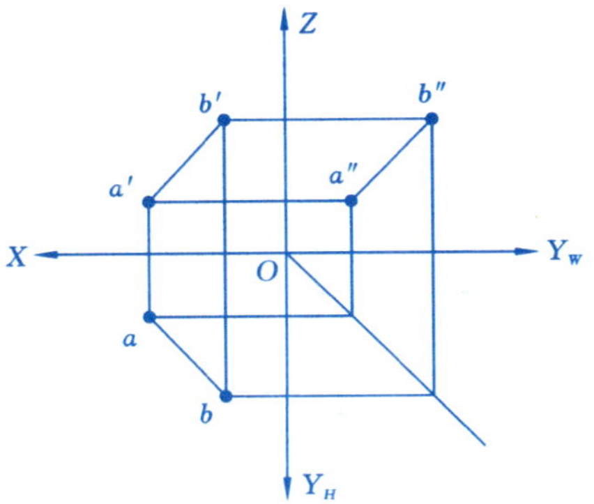

【例 3.5】 根据直观图，作出直线 AB 的三面正投影图

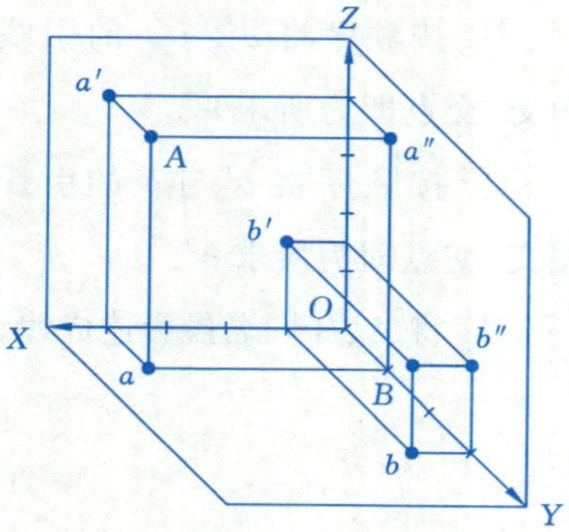

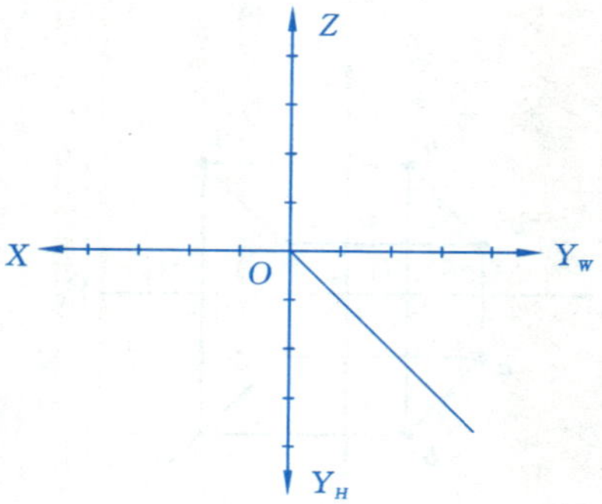

第一步：

确定出点 A 的三面投影。

注：根据已知刻度数截取，按照长对正、高平齐、宽相等的原则。

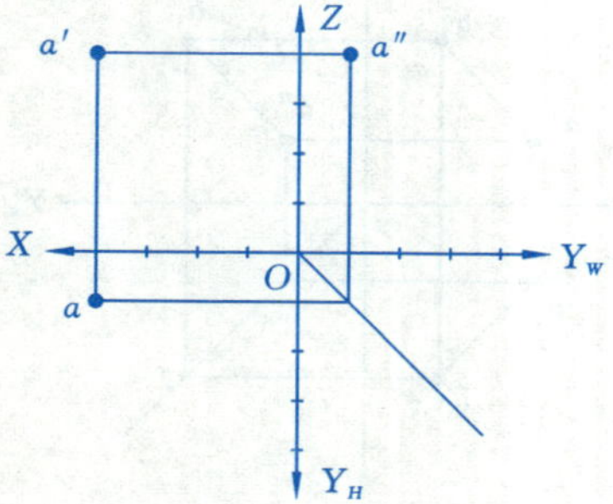

第二步：

确定出点 B 的三面投影。

注：根据已知刻度数截取，按照长对正、高平齐、宽相等的原则。

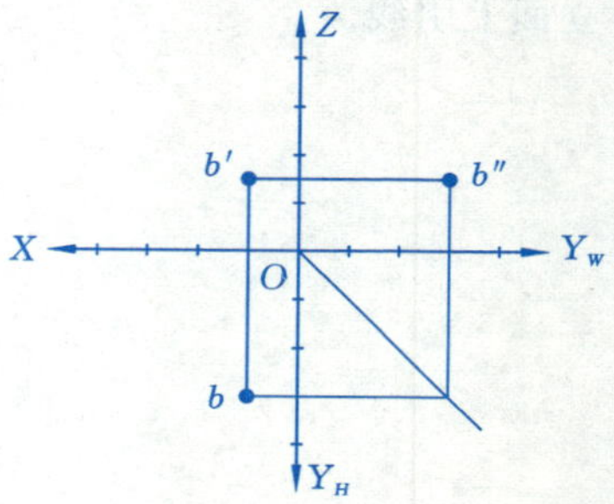

第三步：

将 A、B 两点的同名投影进行连线，画出水平面投影 ab、正立面投影 $a'b'$、侧立面投影 $a''b''$。

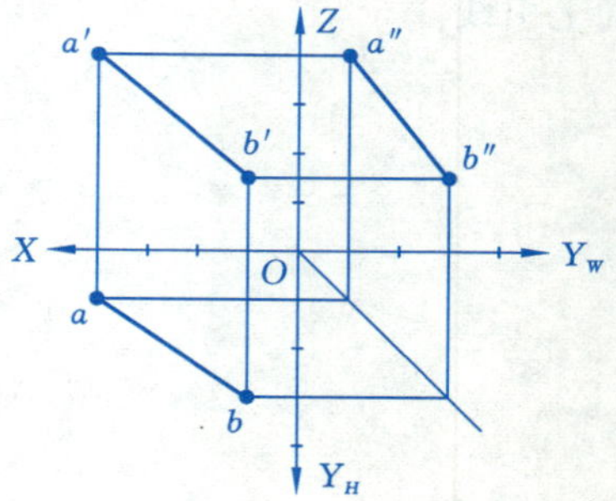

（三）实训练习

1. 已知直线 AB 的两面投影，画出第三投影，并判断出直线 AB 的空间位置。

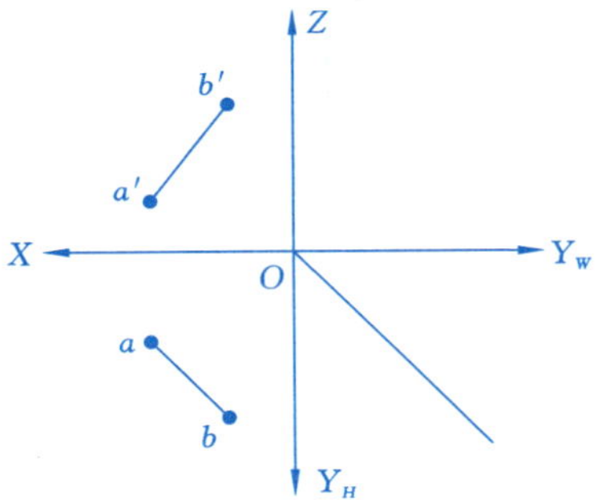

直线 AB ____________

2. 已知直线 CD 的两面投影，画出第三投影，并判断出直线 CD 的空间位置。

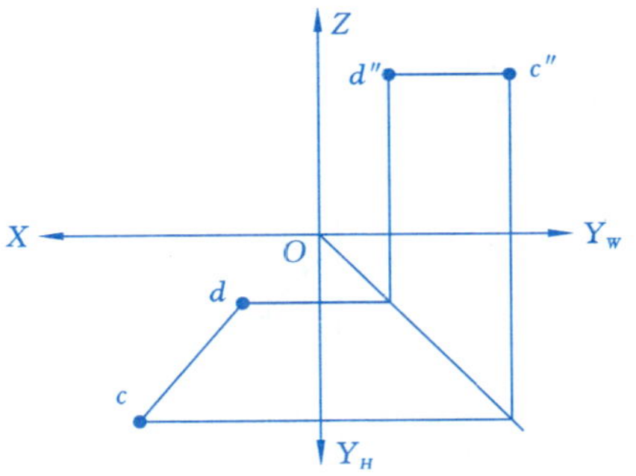

直线 CD ____________

3. 已知直线 EF 的两面投影，画出第三投影，并判断出直线 EF 的空间位置。

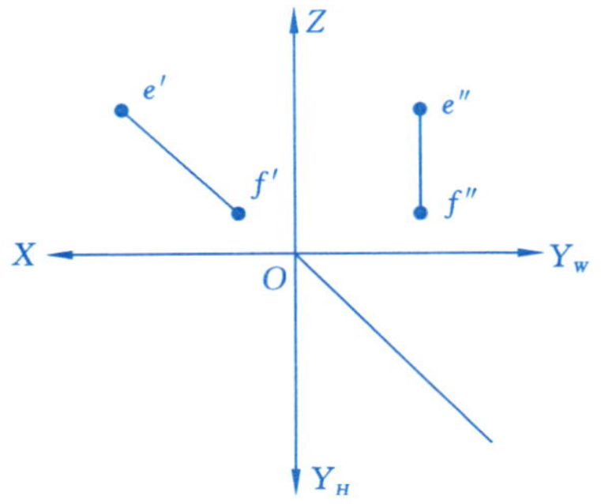

直线 EF ____________

4. 已知直线 GH 的两面投影，画出第三投影，并判断出直线 GH 的空间位置。

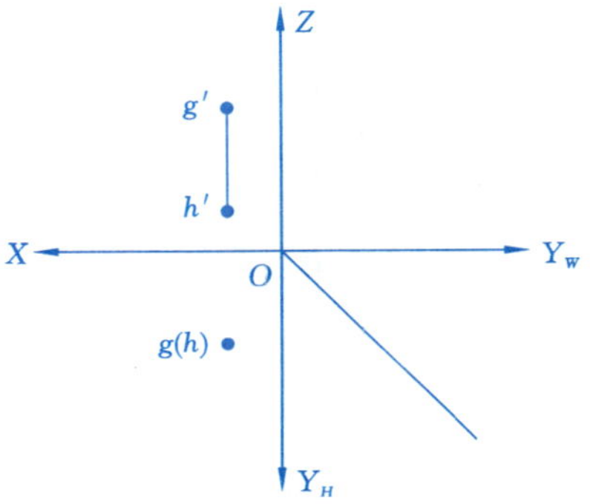

直线 GH ____________

直线的投影练习	班级		姓名		学号	

5. 已知直线 JK 的两面投影，画出第三投影，并判断出直线 JK 的空间位置。

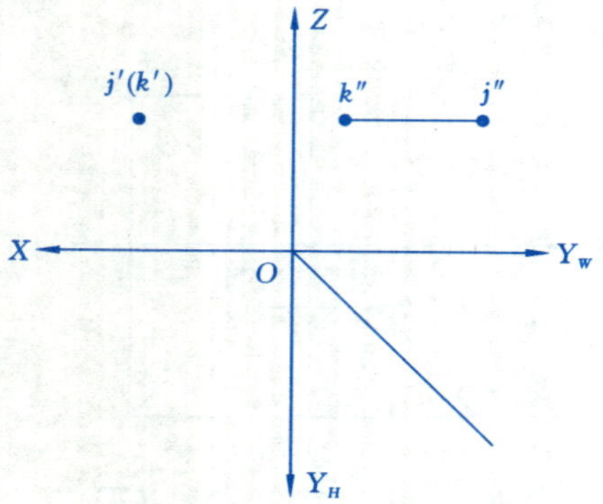

直线 JK ____________

6. 已知直线 LM 的两面投影，画出第三投影，并判断出直线 LM 的空间位置。

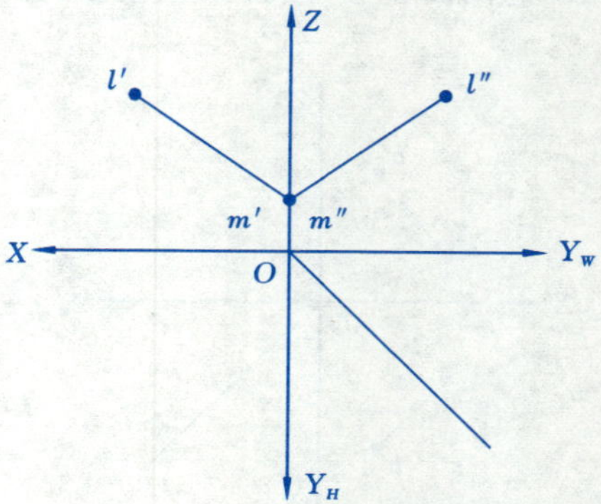

直线 LM ____________

7. 已知直线 NP 的两面投影，画出第三投影，并判断出直线 NP 的空间位置。

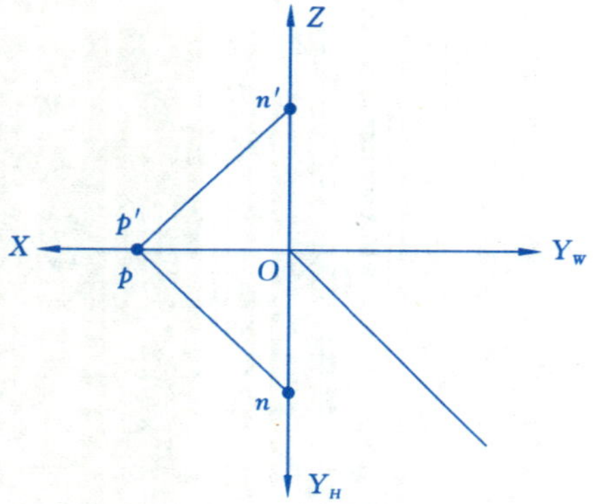

直线 NP ____________

8. 已知直线 AB 的端点 $A(35,5,8)$、端点 $B(10,25,20)$，作直线 AB 的投影图。

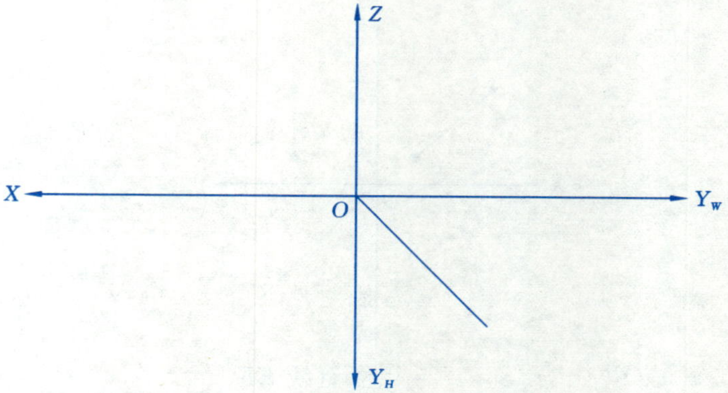

9. 已知直线 CD 的端点 C 到 V 面的距离为 0 mm，到 H 面的距离为 6 mm，到 W 面的距离为 30 mm；端点 D 到 V 面的距离为 22 mm，到 H 面的距离为 22 mm，到 W 面的距离为 8 mm，作直线 CD 的投影。

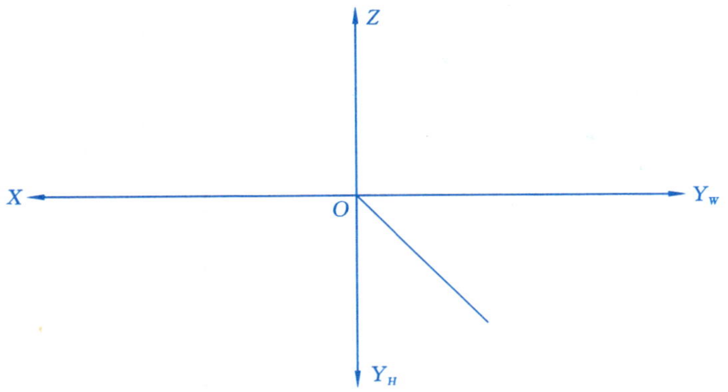

10. 已知直线 EF 的端点 E 的投影，端点 F 在点 E 的前方 15 mm、上方 10 mm、右方 18 mm，作直线 EF 的投影图。

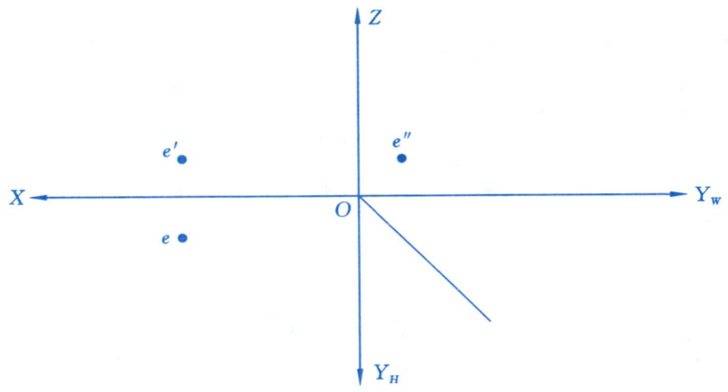

11. 已知直线 GH 的端点 G 的投影，端点 H 在 H 面的上方5 mm，V 面的前方 15 mm，W 面的左方 25 mm，作直线 GH 的投影图。

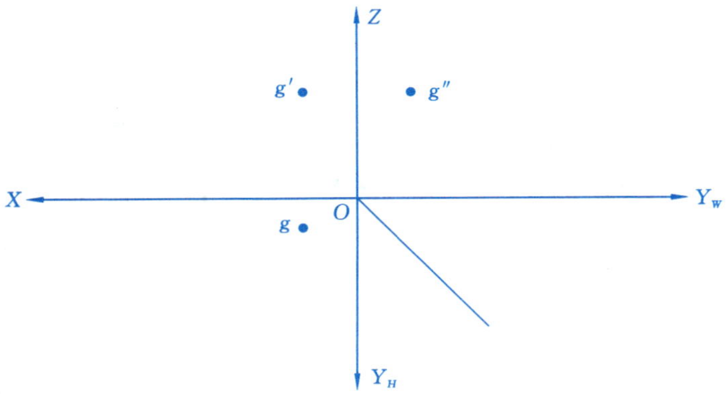

12. 已知直线 JK 端点 J 的投影，JK 长 20 mm，且垂直于 V 面，作出直线 JK 的投影图。

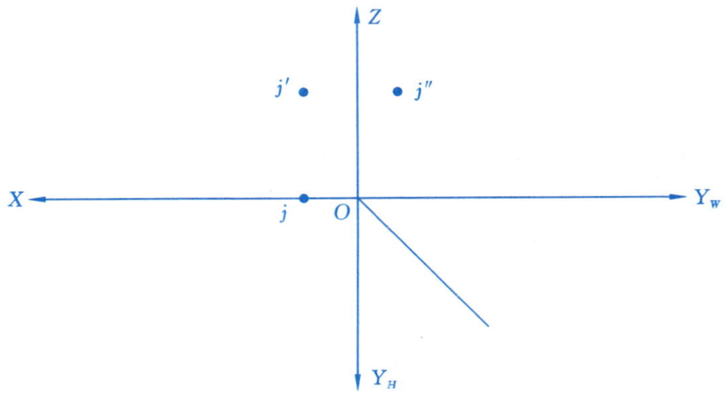

直线的投影练习	班级		姓名		学号	

13. 试判断下列各点是否在对应直线上。

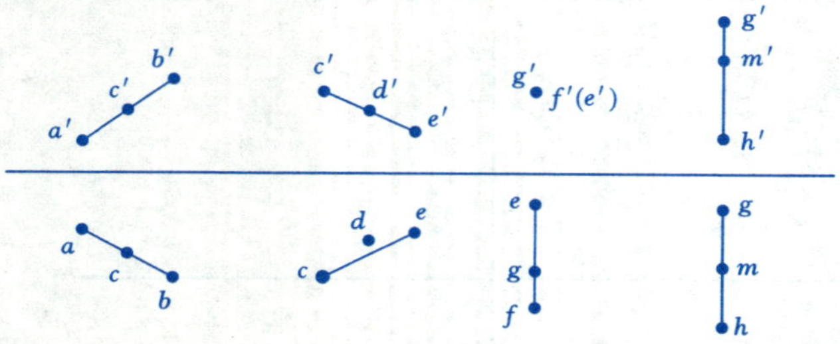

点 C___AB 上　点 D___CE 上　点 G___EF 上　点 M___GH 上

14. 已知直线 AB 的投影，求 AB 上点 C 的投影，使 AC∶CB＝3∶1。

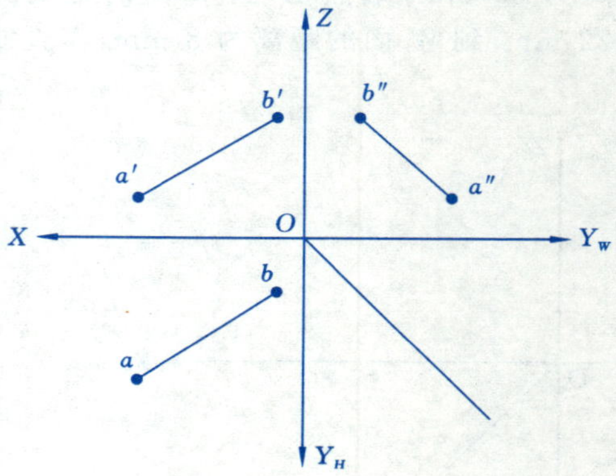

15. 已知直线 BC 及点 D、E 的两个投影，试作图判断点 D、E 是否在直线 BC 上。

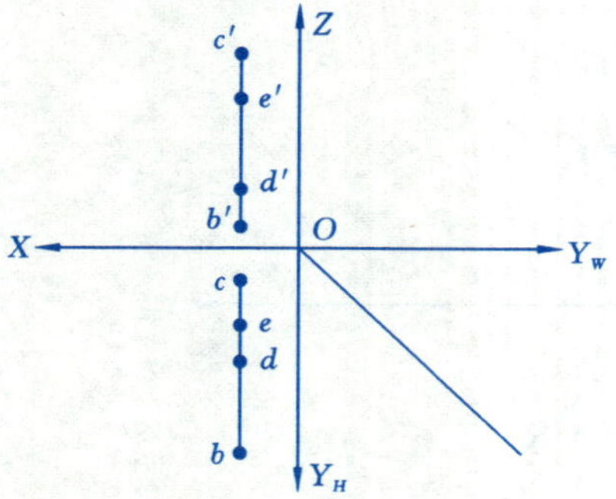

16. 已知直线 GH 的投影 g、h、g′、h′，试求 GH 上一点 F，点 F 离 H 面 12 mm。

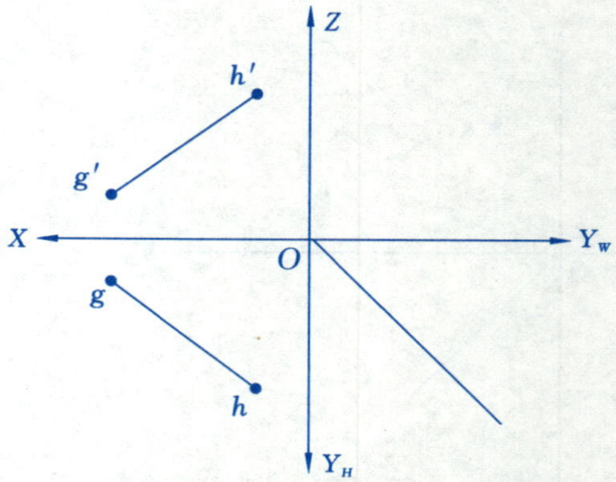

直线的投影练习	班级		姓名		学号	

三、平面的投影

（一）知识梳理

1. 平面的投影特性

平面平行于投影面时，其投影反映平面的实形。

平面垂直于投影面时，其投影积聚为一条线。

平面倾斜于投影面时，其投影仍然是平面，但不反映实形，是缩小的类似形。

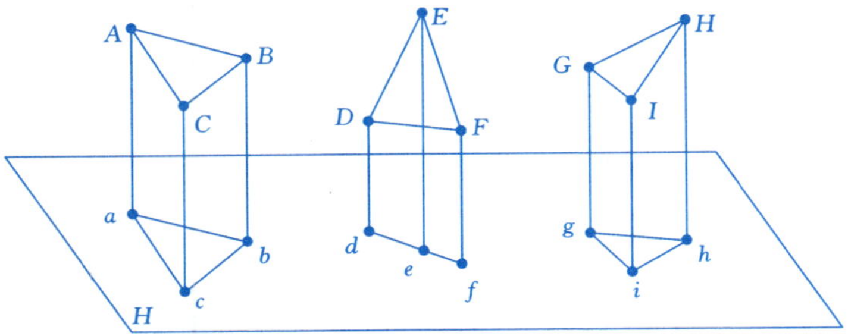

2. 直线投影作图方法

作平面的投影，实际就是作点和直线的投影。

先做出平面上各顶点的投影，再分别将各同名投影连接起来，就得到了平面的投影图。

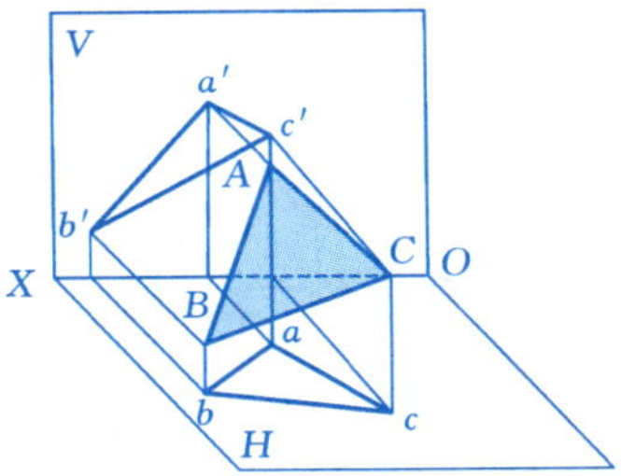

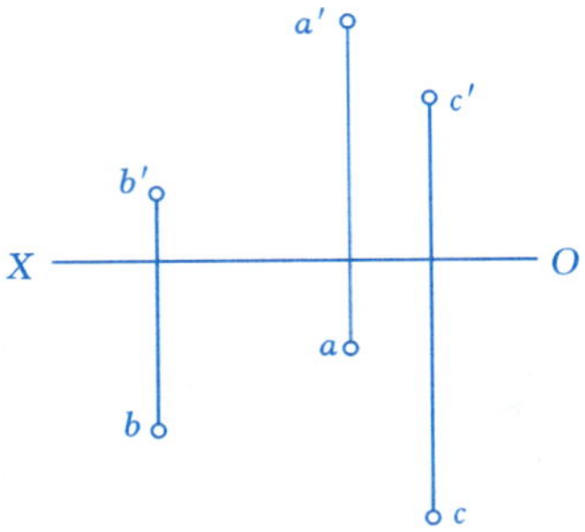

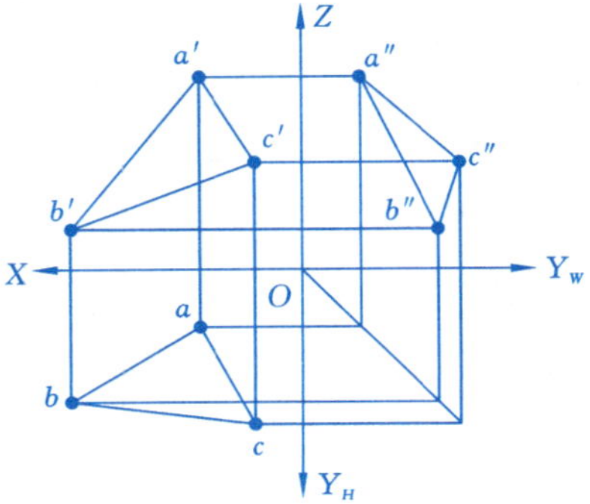

3. 各种位置平面的投影

空间平面对投影面的相对位置可分为三种：一般位置平面、投影面平行面、投影面垂直面。

（1）一般位置平面：类似形

倾斜于三个投影面的平面，它在投影面上的投影都为缩小的类似形。

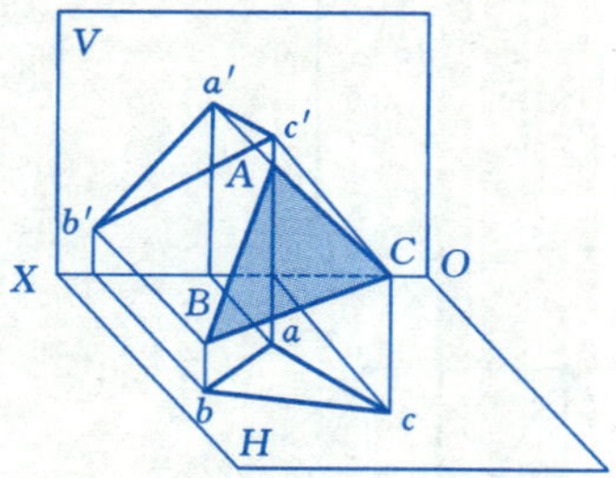

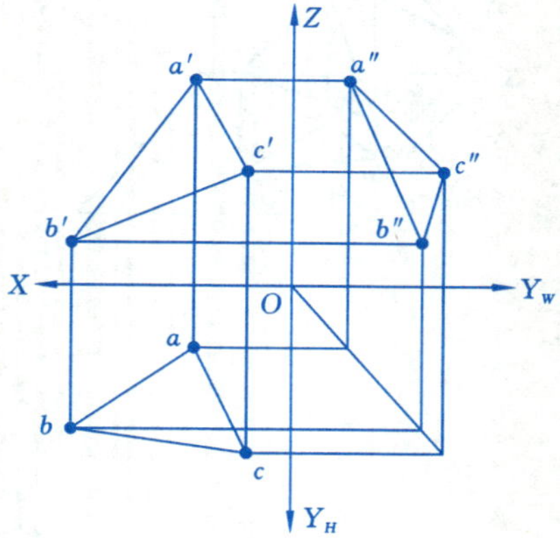

（2）投影面平行面：一框两直线

仅平行于一个投影面，而垂直于另两个投影面的平面。

① H 面平行面——平行于 H 面，而垂直于 V、W 面的平面，又称作水平面。

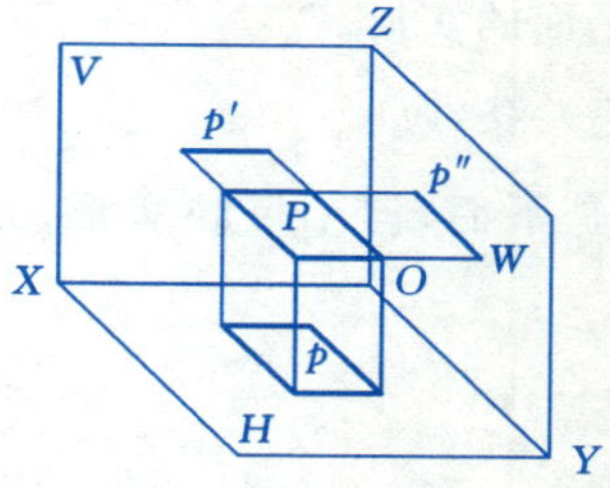

水平面直观图

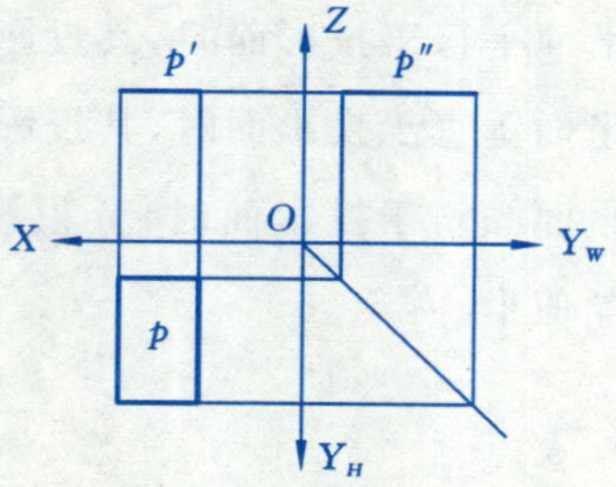

水平面投影图

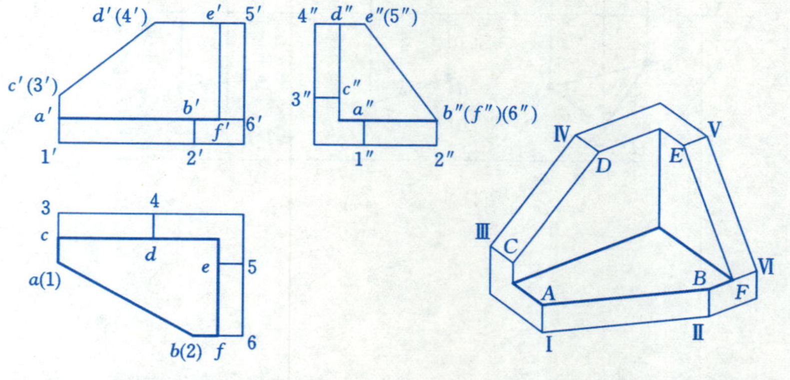

（a）形体中水平面的投影图　　（b）形体中水平面的立体图

水平面实例图

② V 面平行面——平行于 V 面，而垂直于 H、W 面的平面，又称作正平面。

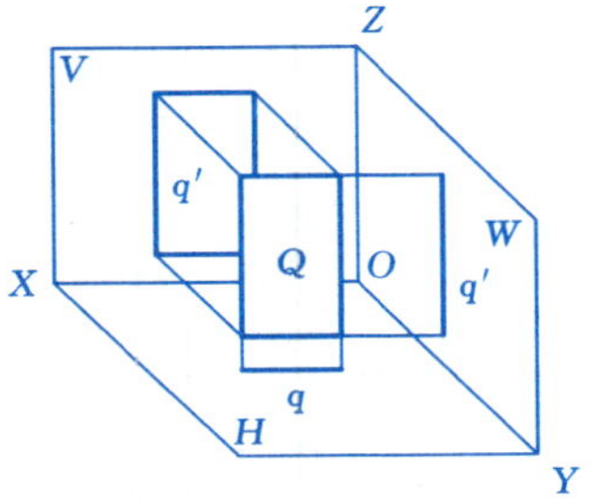

正平面直观图

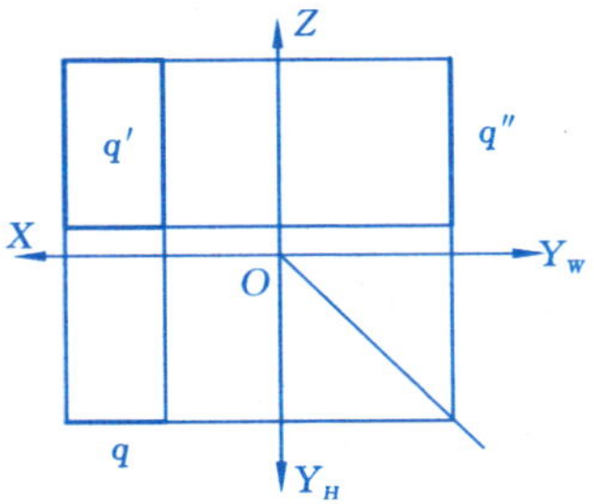

正平面投影图

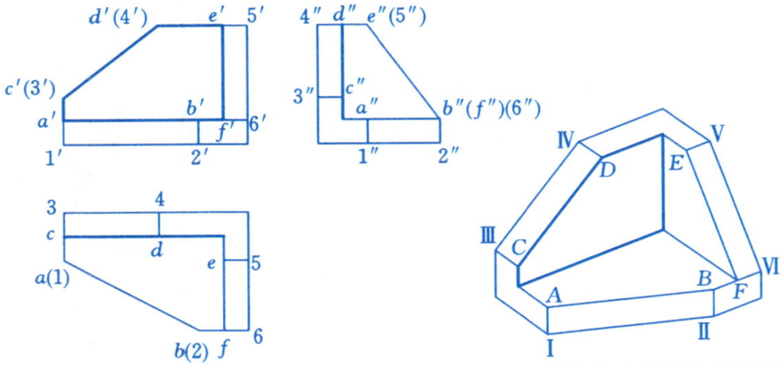

(a) 形体中正平面的投影图　　(b) 形体中正平面的立体图

正平面实例图

③ W 面平行面——平行于 W 面，而垂直于 H、V 面的平面，又称作侧平面。

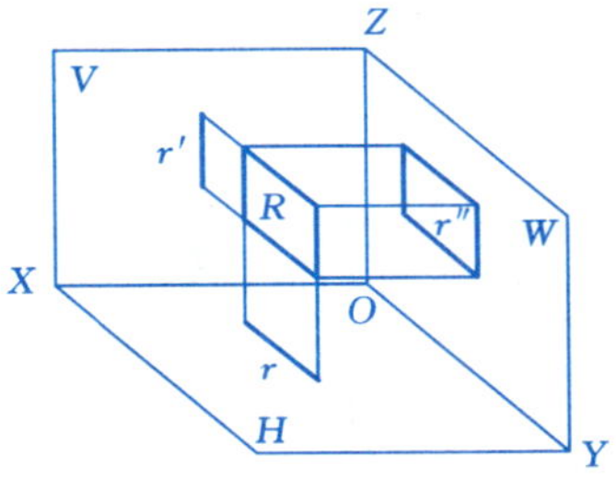

侧平面直观图

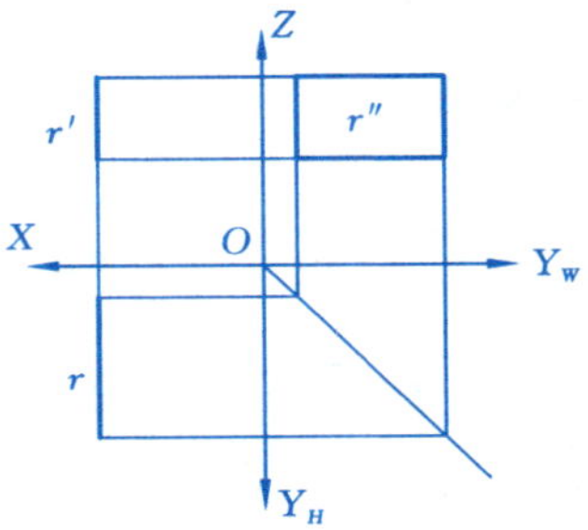

侧平面投影图

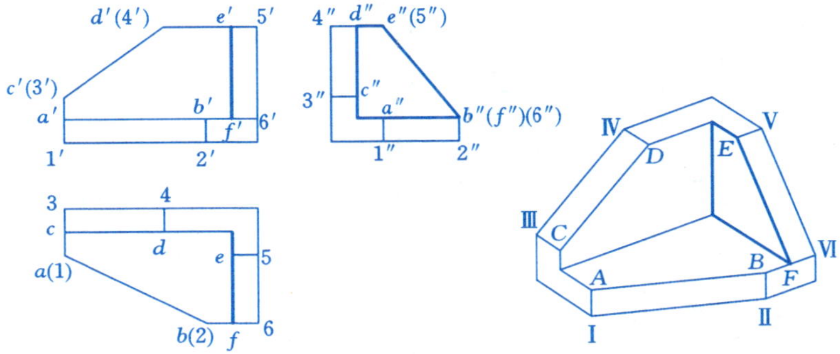

(a) 形体中侧平面的投影图　　(b) 形体中侧平面的立体图

侧平面实例图

（3）投影面垂直面：两框一斜线

垂直于一个投影面，而倾斜于其他两个投影面的平面。

① H 面垂直面——垂直于 H 面，而倾斜于 V、W 面的平面，又称作铅垂面。

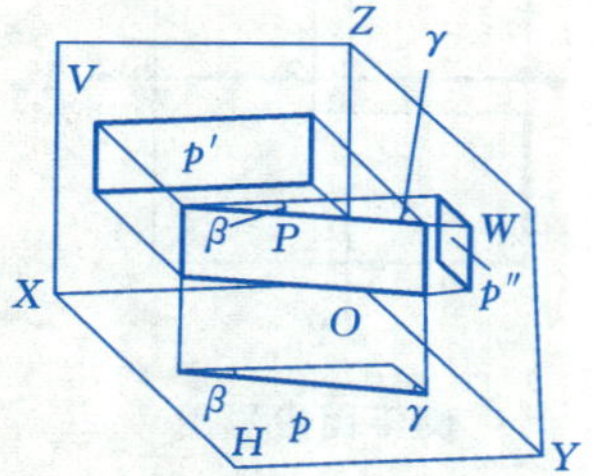

铅垂面直观图

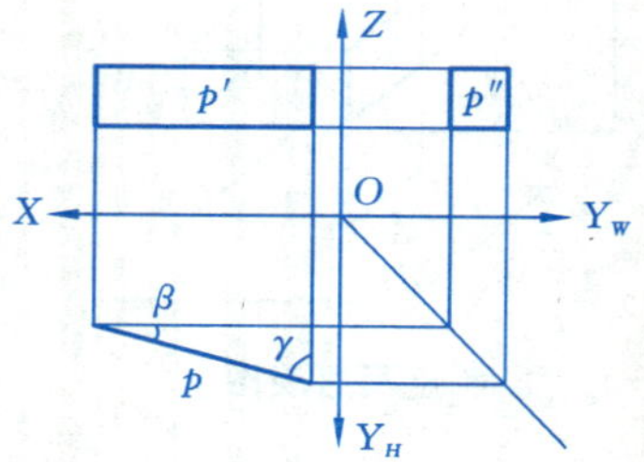

铅垂面投影图

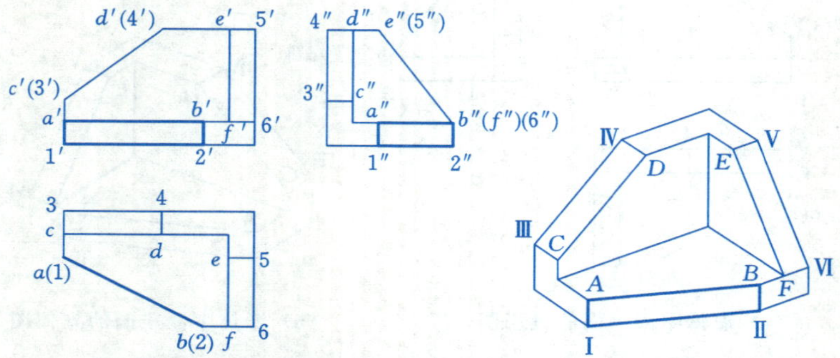

（a）形体中铅垂面的投影图　　（b）形体中铅垂面的立体图

铅垂面实例图

② V 面垂直面——垂直于 V 面，而倾斜于 H、W 面的平面，又称为正垂面。

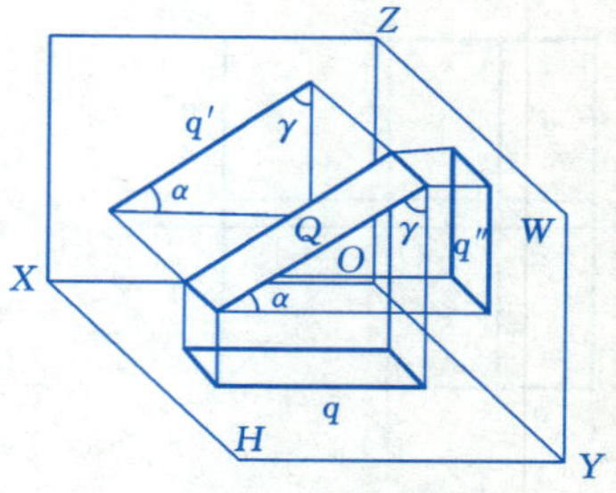

正垂面直观图

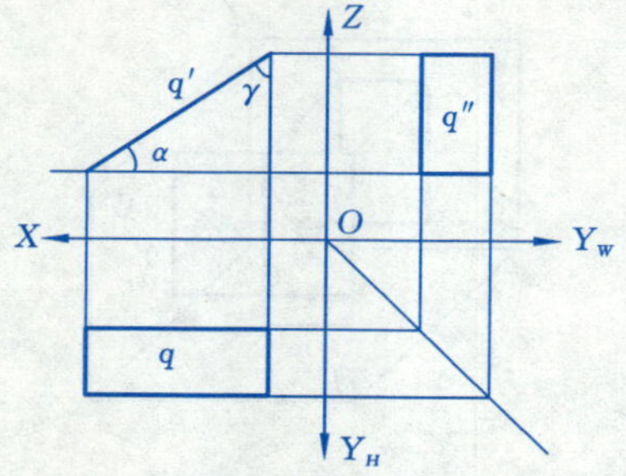

正垂面投影图

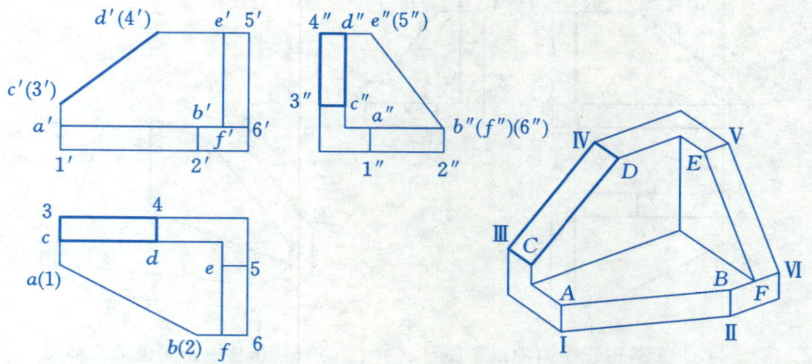

（a）形体中正垂面的投影图　　（b）形体中正垂面的立体图

正垂面实例图

③ W 面垂直面——垂直于 W 面，而倾斜于 H、V 面的平面，又称作侧垂面。

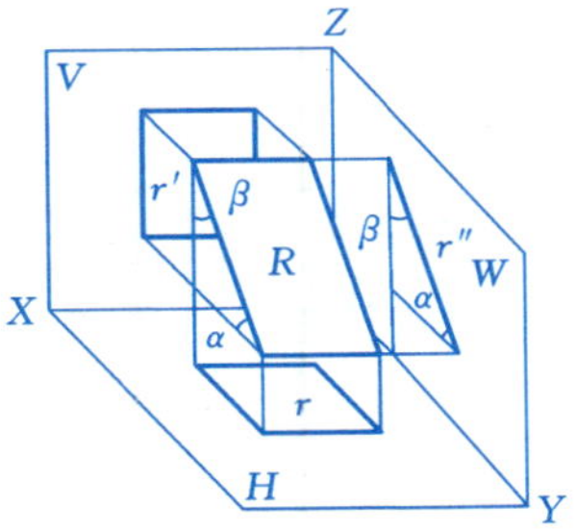

侧垂面直观图

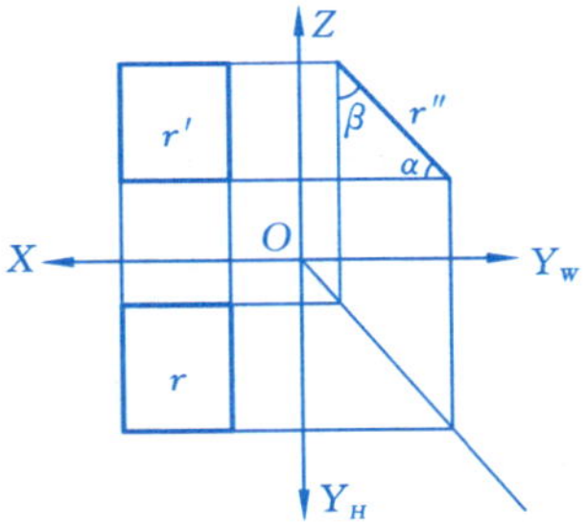

侧垂面投影图

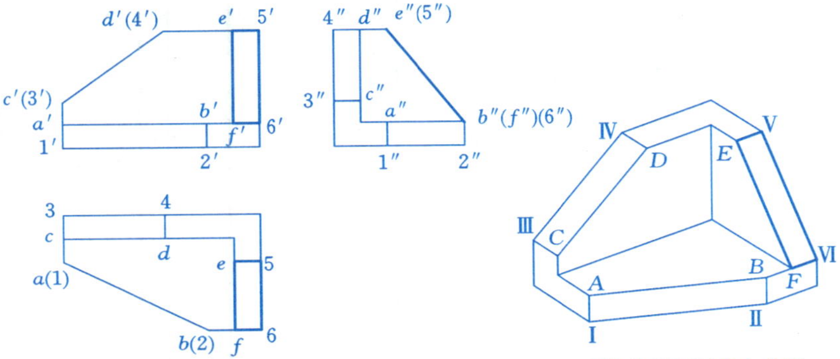

（a）形体中侧垂面的投影图　　（b）形体中侧垂面的立体图

侧垂面实例图

（二）例题精解

【例 3.6】 已知△ABC 的两面投影，求其第三投影。

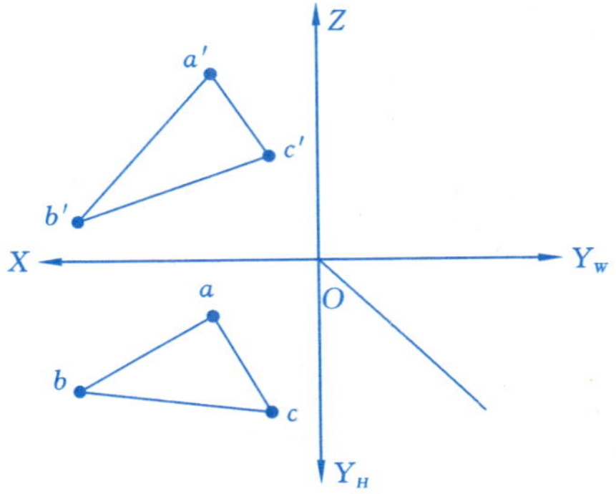

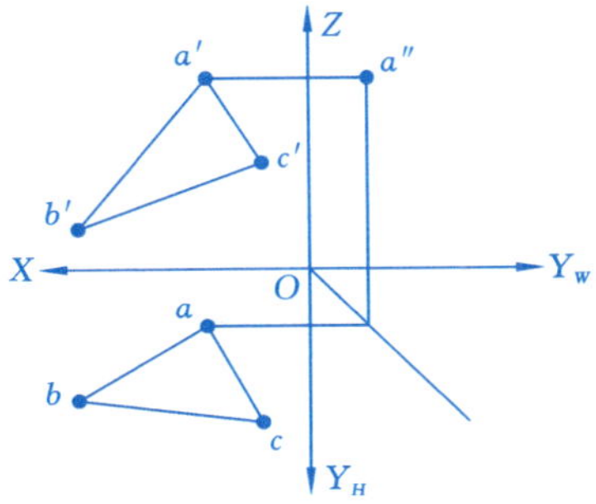

第一步：按长对正、高平齐、宽相等的绘图步骤，确定出△ABC 中 A 点投影 a''。

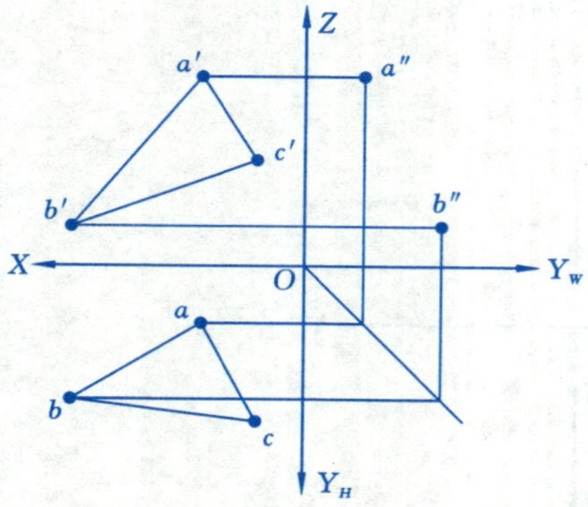

第二步：按长对正、高平齐、宽相等的绘图步骤，确定出△ABC 中 B 点投影 b''。

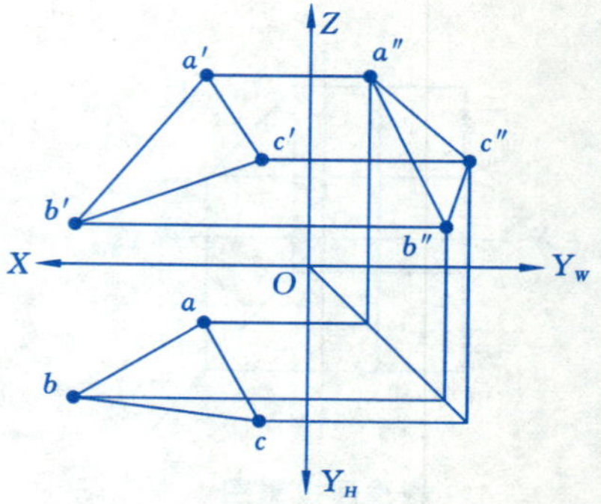

第四步：将 a''、b''、c''的同名投影进行连线。

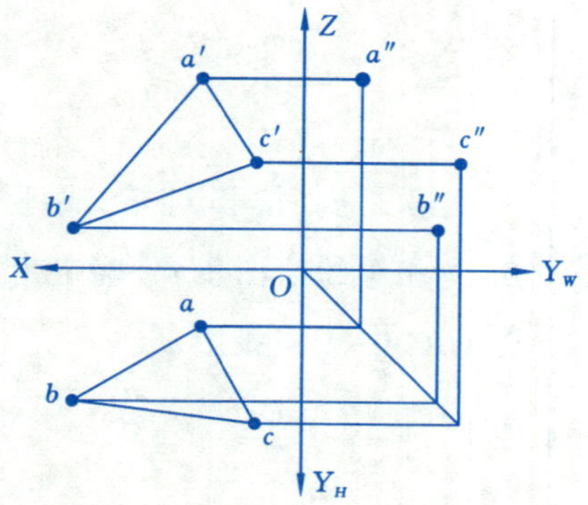

第三步：按长对正、高平齐、宽相等的绘图步骤，确定出△ABC 中 C 点投影 c''。

答案：

具体可参见本书 P32 左侧的两图。

【例 3.7】 根据直观图，作出△ABC 的三面正投影图。

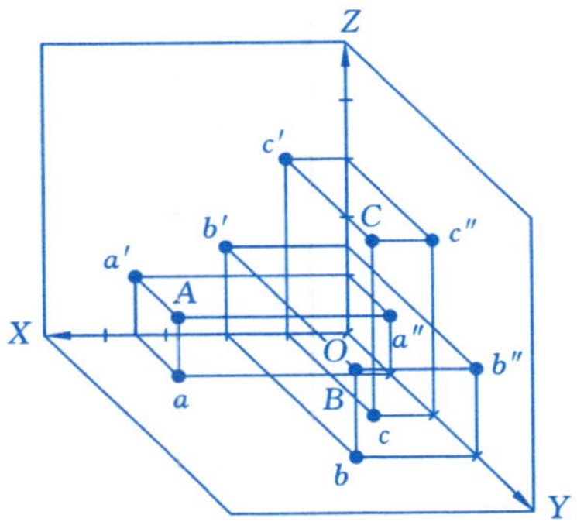

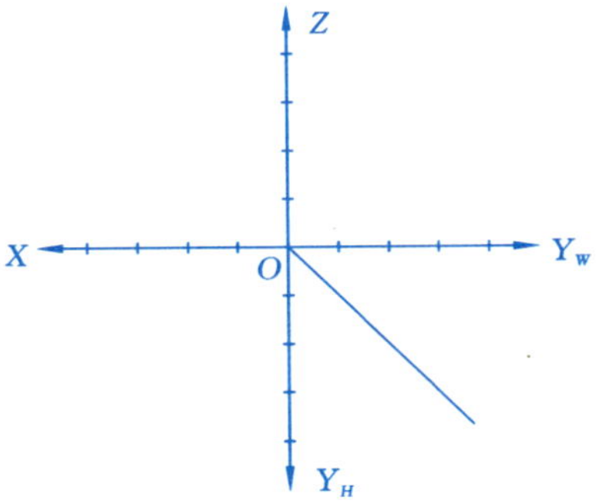

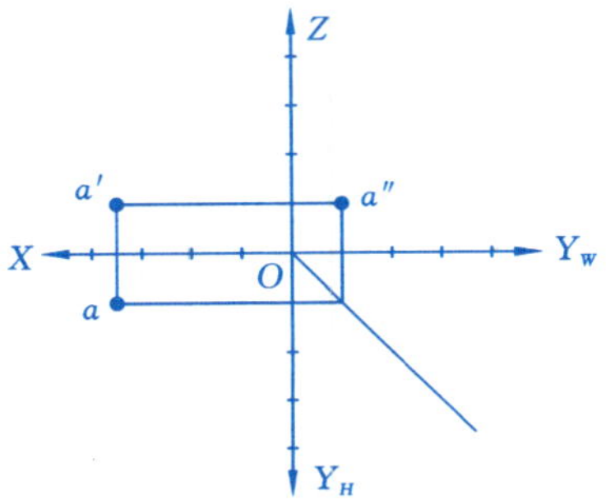

第一步：

确定出点 A 的三面投影。

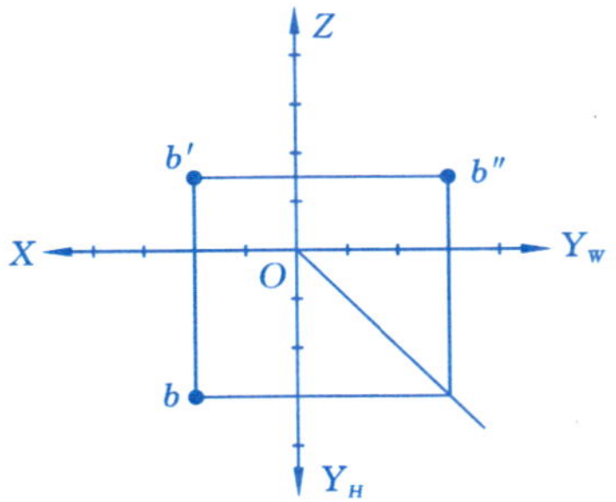

第二步：

确定出点 B 的三面投影。

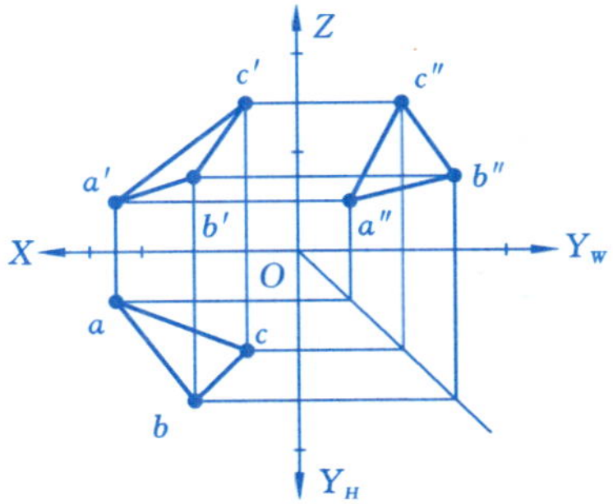

第三步：

确定出点 C 的三面投影。将 A、B、C 三点的同名投影进行连线，画出水平面投影△abc、正立面投影△$a'b'c'$、侧立面投影△$a''b''c''$。

（三）实训练习

1. 已知△ABC 的两面投影，画出第三投影，并判断出△ABC 的空间位置。

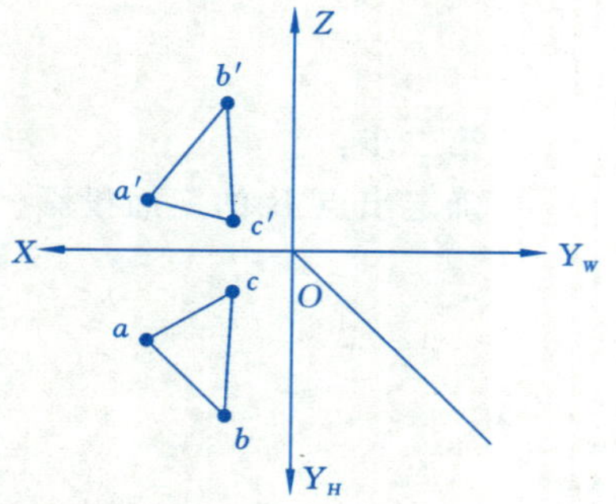

△ABC ______________

2. 已知△BCD 的两面投影，画出第三投影，并判断出△BCD 的空间位置。

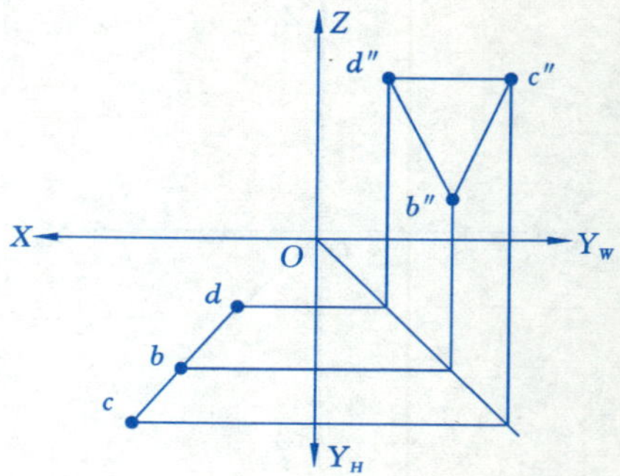

△BCD ______________

3. 已知△DEF 两面投影，画出第三投影，并判断出△DEF 的空间位置。

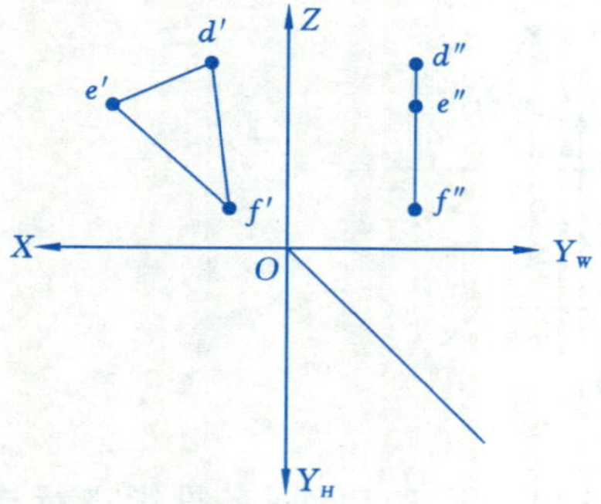

△DEF ______________

4. 已知△FGH 的两面投影，画出第三投影，并判断出△FGH 的空间位置。

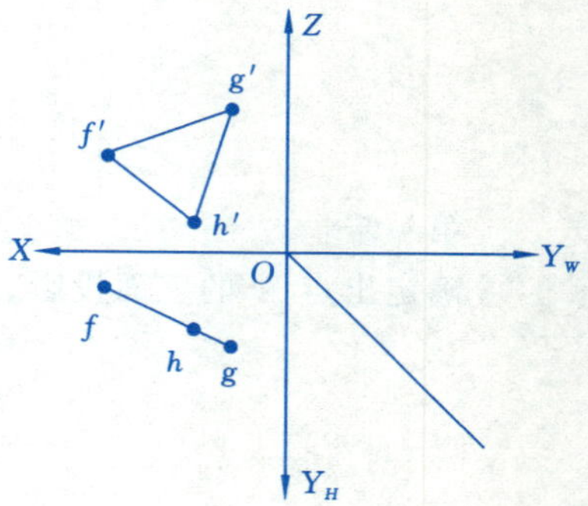

△FGH ______________

平面的投影练习	班级		姓名		学号	

5. 已知平面 $HIJK$ 的两面投影，画出第三投影，并判断出平面 $HIJK$ 的空间位置。

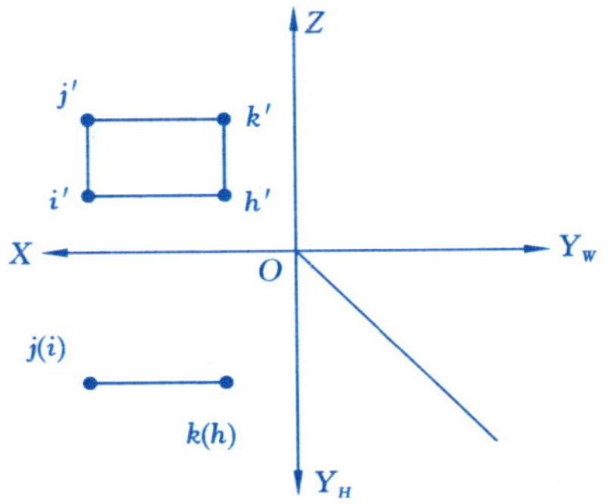

平面 $HIJK$ ________

6. 已知△KLM 的两面投影，画出第三投影，并判断出△KLM 的空间位置。

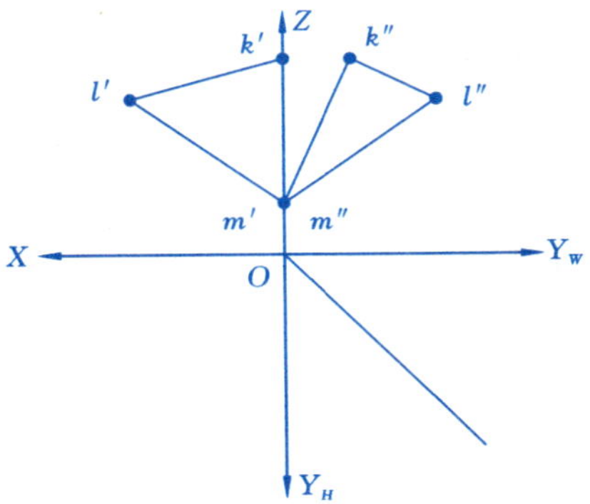

△KLM ________

7. 已知△MNP 的两面投影，画出第三投影，并判断出△MNP 的空间位置。

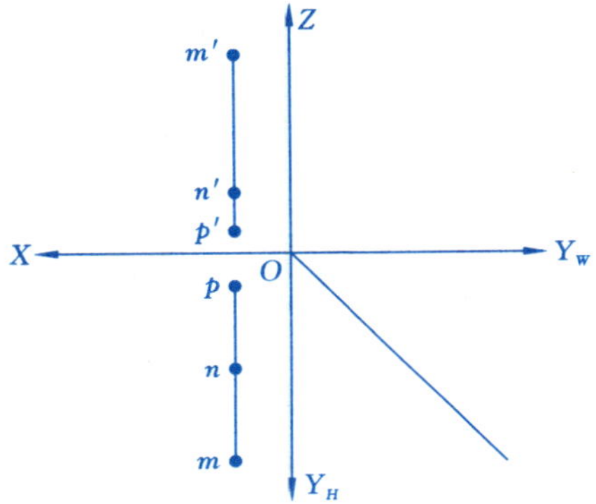

△MNP ________

8. 已知△ABC 三个顶点 $A(15,5,2)$，$B(6,13,20)$，$C(29,21,15)$，作其投影图。

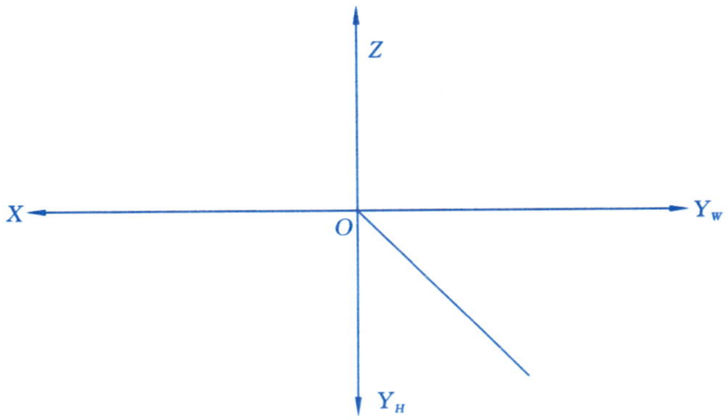

平面的投影练习	班级		姓名		学号	

9.以 AB 为一条边，作一个一般位置平面。

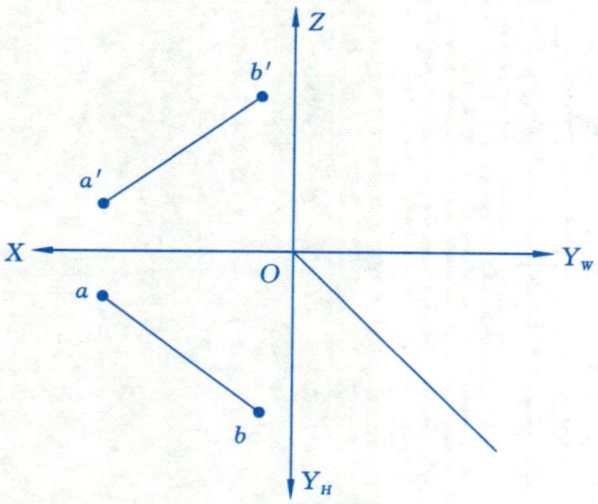

10. 作距离 H 面 12 mm 的水平面 $ABCD$ 的投影图。

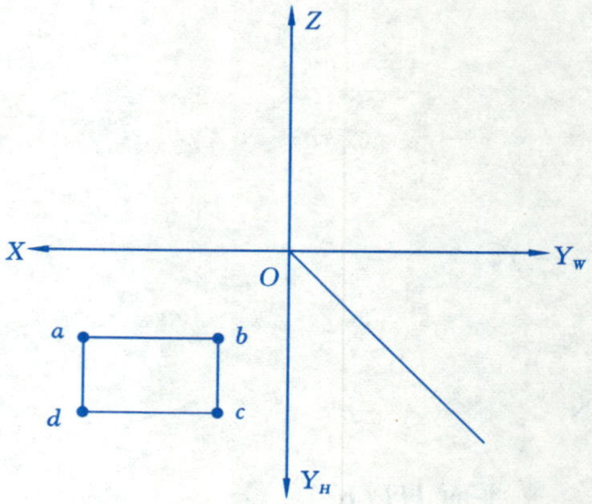

11. 已知正垂面 ABC，正立面上投影与 X 轴夹角为 30°，且点 C 在点 B 的右下方，作其投影图。

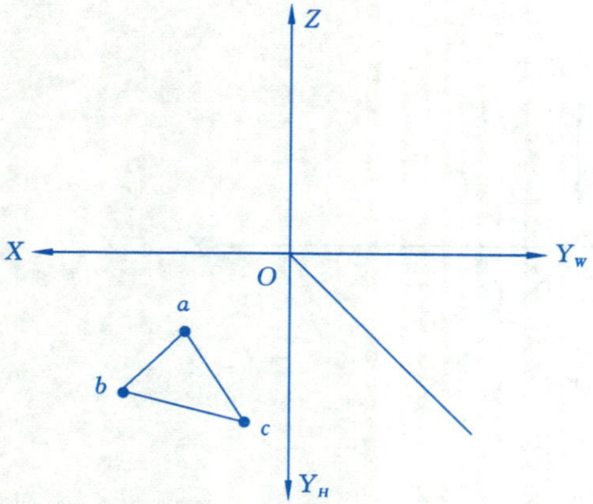

12. 已知△ABC 为正平面，$AC=25$ mm，作出△ABC 的投影图。

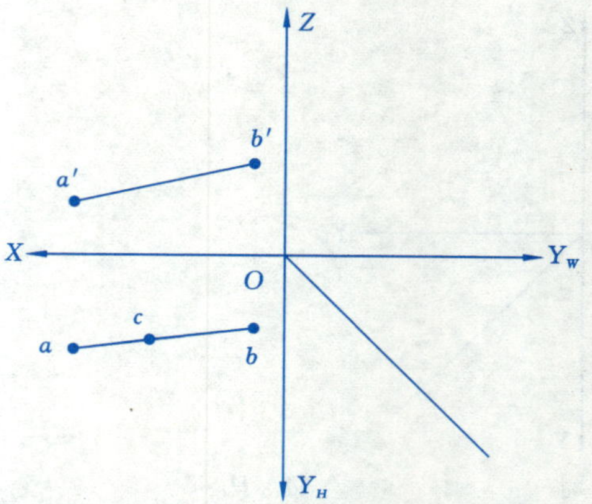

平面的投影练习	班级		姓名		学号	

13. 试判断下列各点是否在平面上。

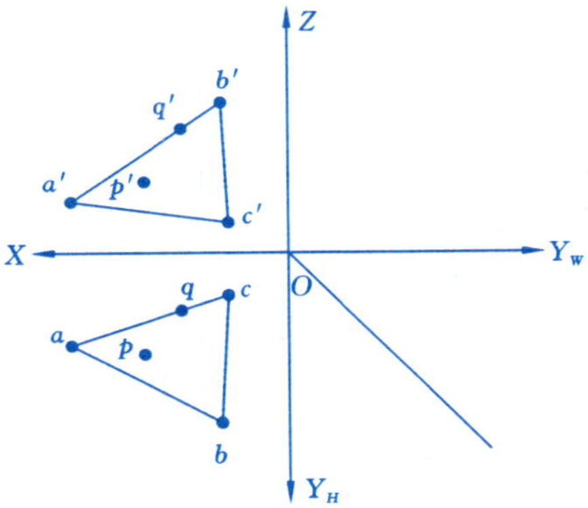

点 P______平面上　　　　点 Q______平面上

14. 已知点 D 在△ABC 平面上，补全 ABCD 的投影。

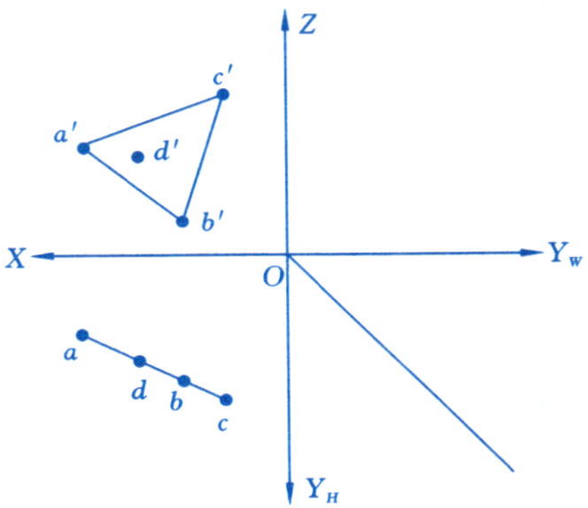

15. 已知点 P、Q 在△ABC 平面上，分别作出它们的另一投影。

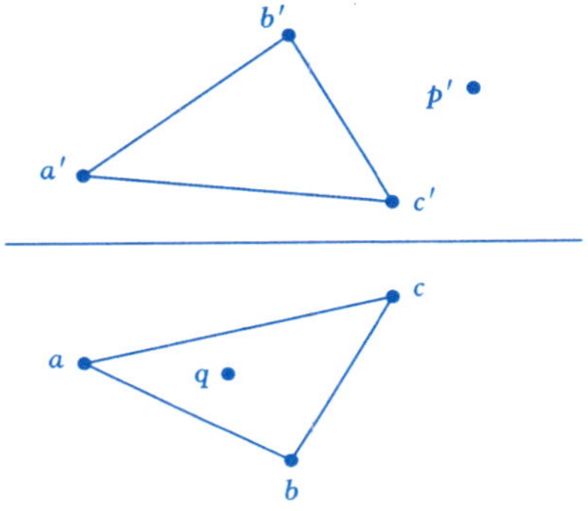

16. 已知平面上的图线，画出另一投影。

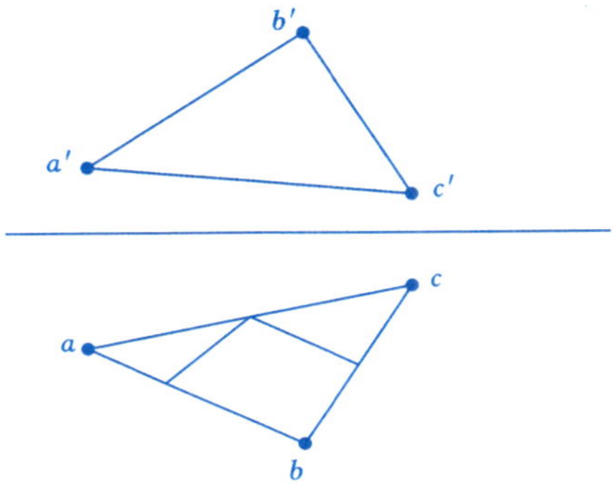

平面的投影练习	班级		姓名		学号	

第四章　基本几何体

1. 补全棱柱和点的三视图。

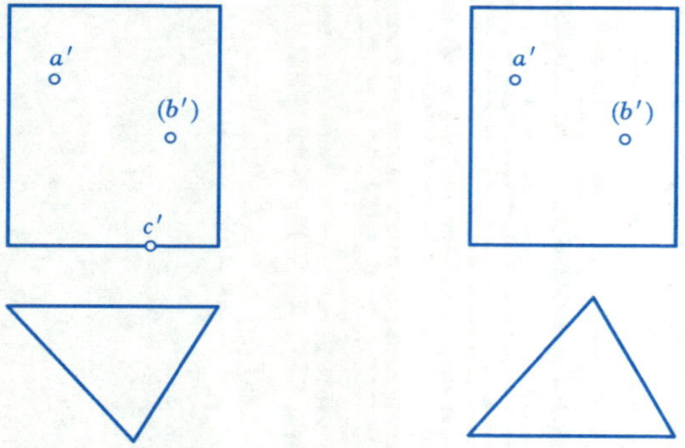

2. 补全棱柱和点的三视图。

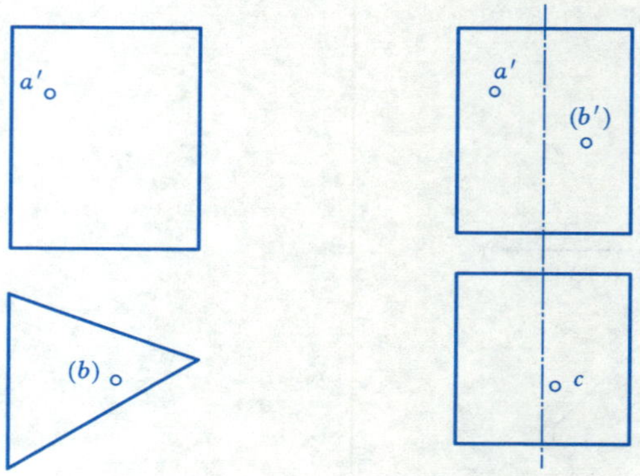

3. 补全棱柱和点的三视图。

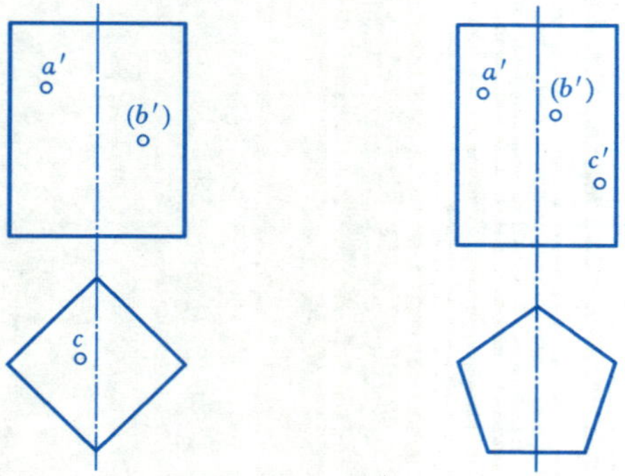

4. 补全基棱柱和点的三视图。

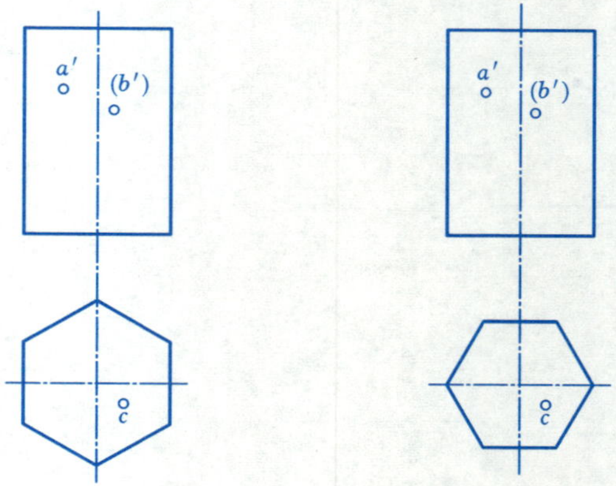

平面基本几何体	班级		姓名		学号	

5. 补全棱锥和点的三视图。

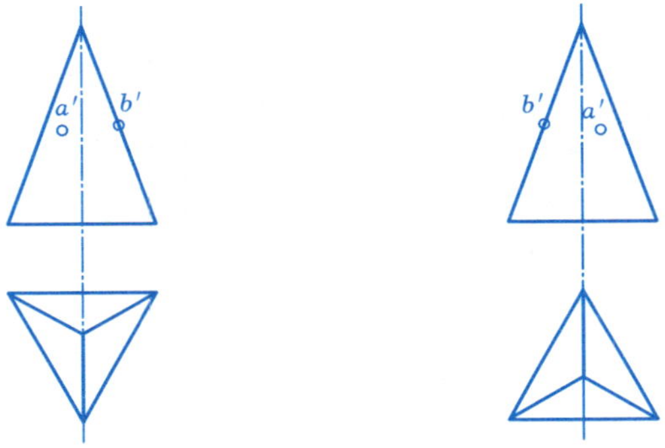

6. 补全棱锥和点的三视图。

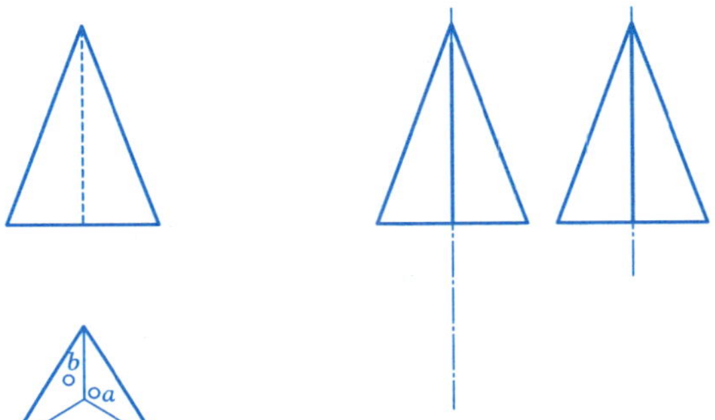

7. 补全棱锥和点的三视图。

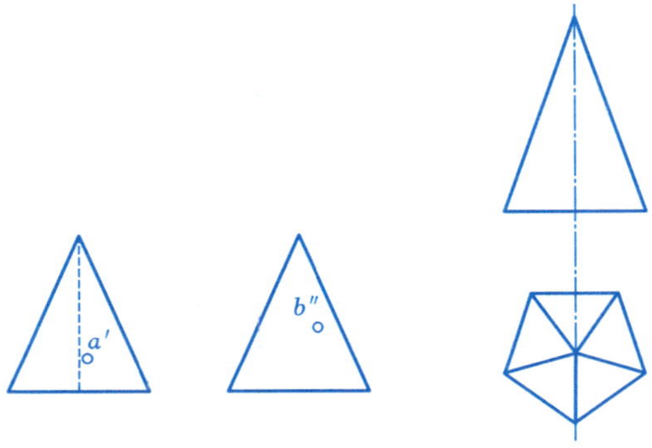

8. 补全棱台和点的三视图。

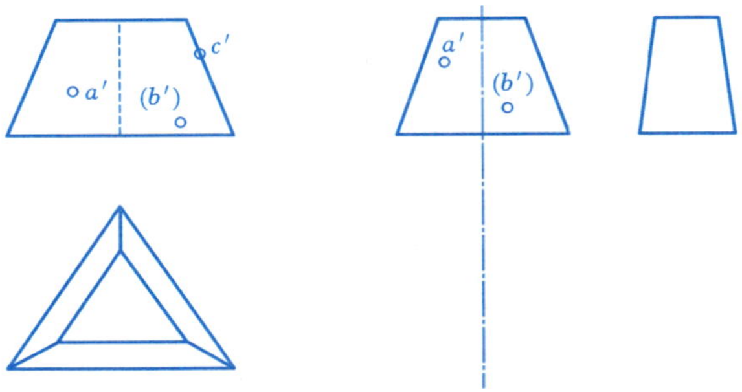

平面基本几何体	班级		姓名		学号	

9. 补全曲面立体和表面点的三面投影。

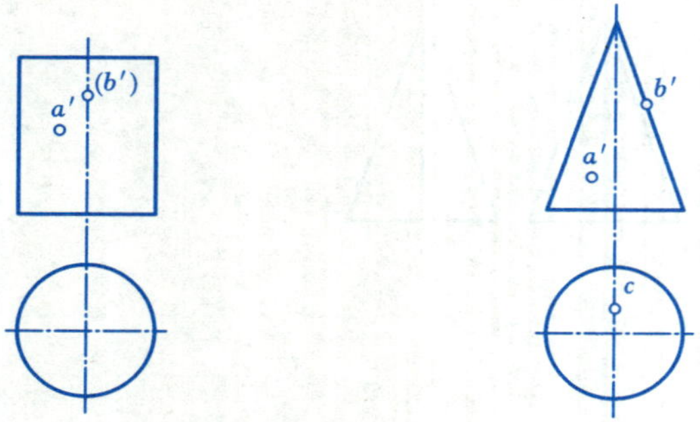

10. 补全曲面立体和表面点的三面投影。

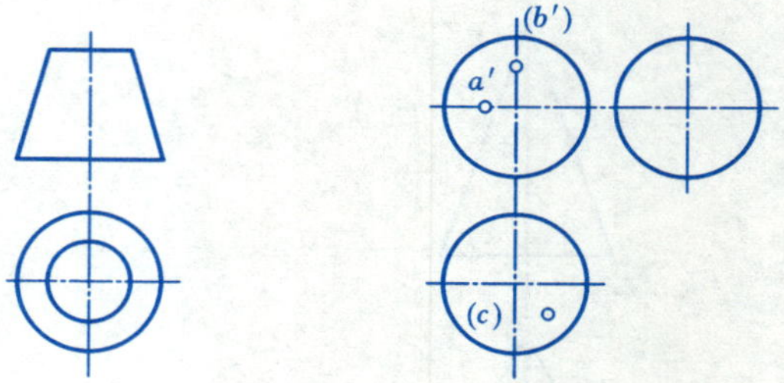

11. 补全圆柱截断后的三面投影。

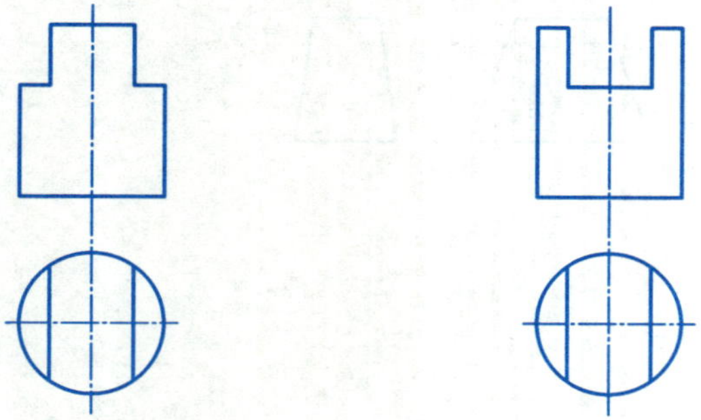

12. 补全形体截断后的水平投影。

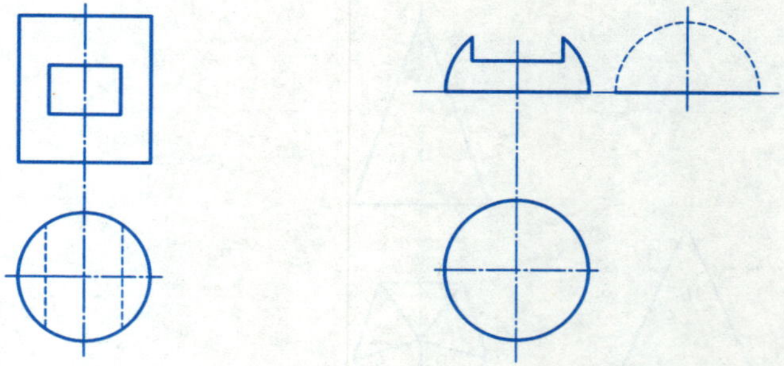

曲面几何体及截断体	班级		姓名		学号	

第五章　组合体的投影

一、组合体的三面投影图

1. 组合体的组合形式

由若干个基本体按一定方式组合起来的物体称为组合体。为了便于绘图、读图和尺寸标注，常常将复杂的组合体分解为若干个简单的基本体。通过研究基本体的形状及相互位置关系来表达和认识组合体，从而变难为易。

组合体的组合方式可以是叠加、相贯、相切、切割等多种形式。

2. 组合体各部分之间表面连接关系及连接处的画法

所谓连接关系，是指基本形体组合成组合体时，各基本形体表面间真实的相互关系。组合体各部分表面之间连接关系不同，在视图上表现出的特征也就不同。为便于绘图和读图，将其分为以下四种情况。

(1) 形体表面平齐：表示两部分表面在叠加后完全重叠，在视图上可见两部分之间无隔线，则两表面投影之间不画线。

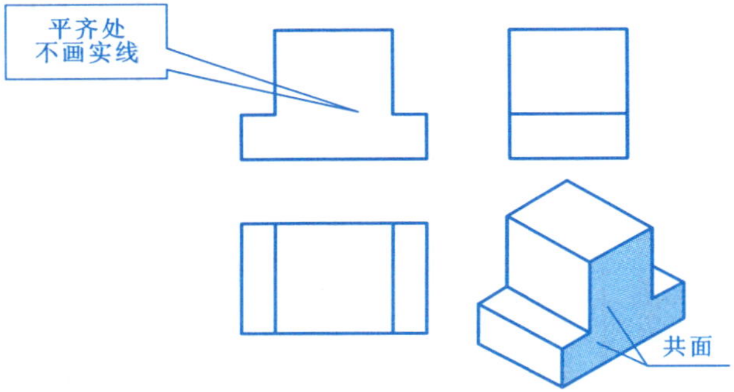

表面平齐

(2) 形体表面不平齐：两表面叠加后不完全重叠，在视图上可见部分之间有图线隔开，则两表面投影之间画线。

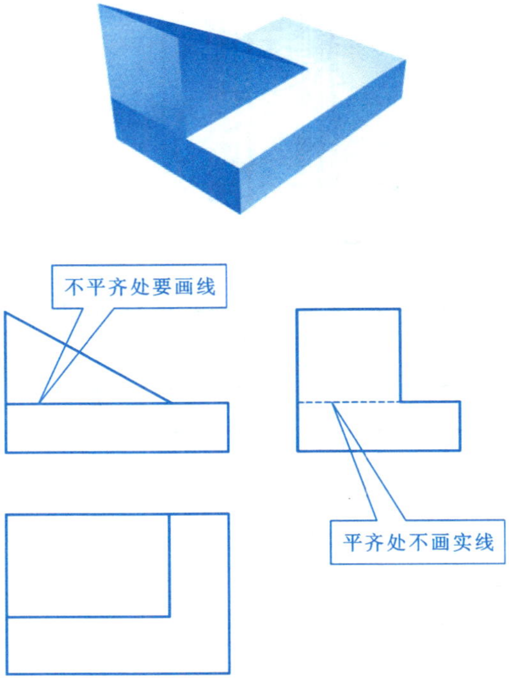

表面不平齐

（3）两形体表面相切：两表面光滑过渡，在相切处不存在轮廓线，即在视图上相切处不画线。

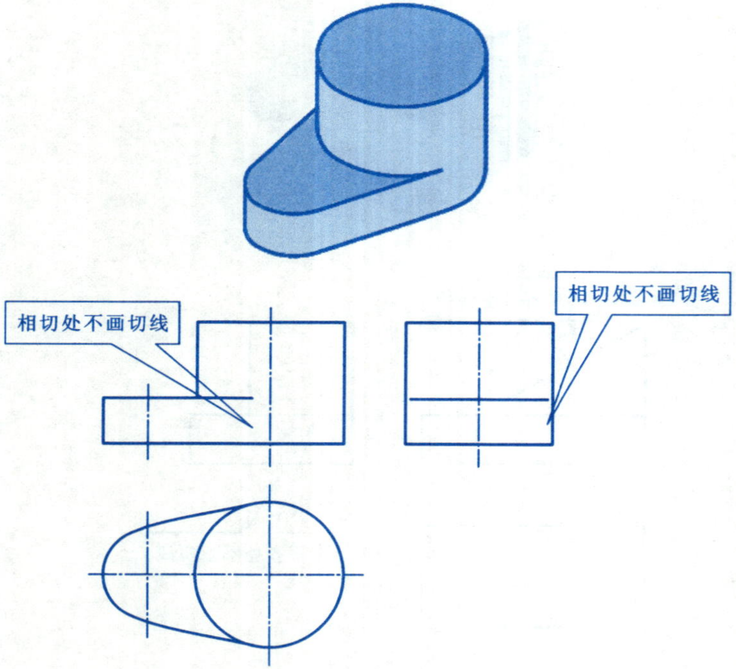

表面相切

（4）两形体表面相交：两表面相交，在相交处存在交线，即两表面投影之间画线。

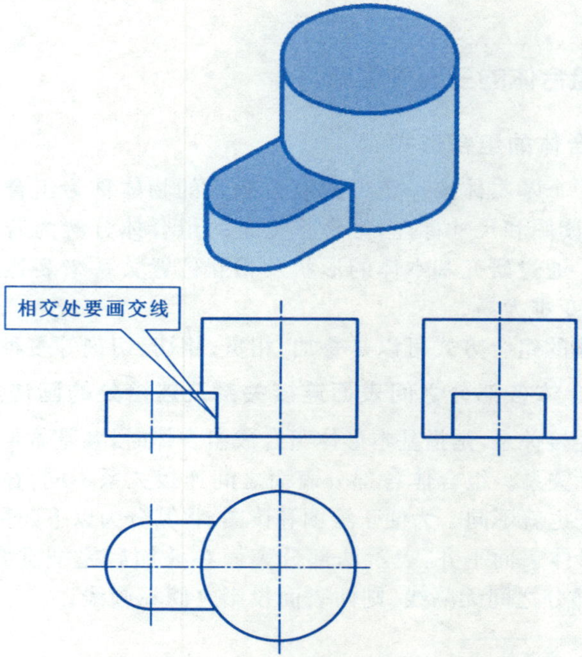

表面相交

组合体是由基本形体组合而成的，所以基本形体之间除表面连接关系以外，还有相互之间的位置关系。下图为叠加式组合体组合过程中的几种位置关系。

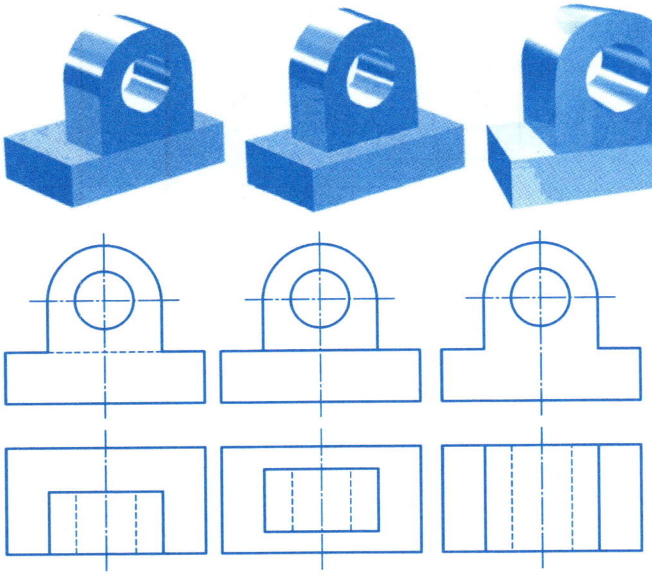

基本形体的几种位置关系

二、组合体三投影图例题解答

绘制组合体的三面投影图。

【例 5.1】 叠加型组合体。

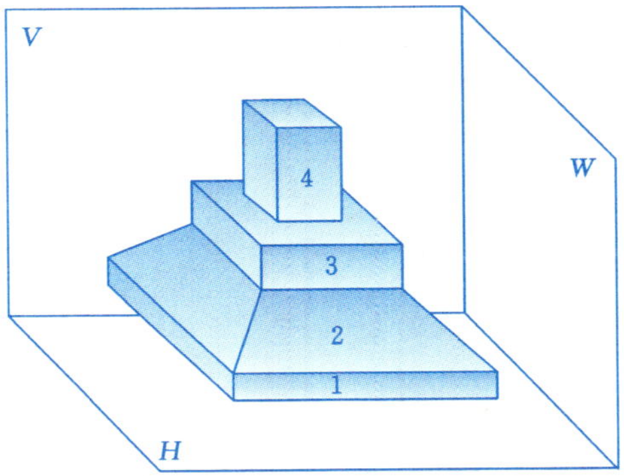

第一步：分析

该组合体由四个基本形体叠加而成，最下部分为四棱柱 1，在它的上面依次为四棱台 2、四棱柱 3、四棱柱 4。

第二步:作四棱柱 1 的投影

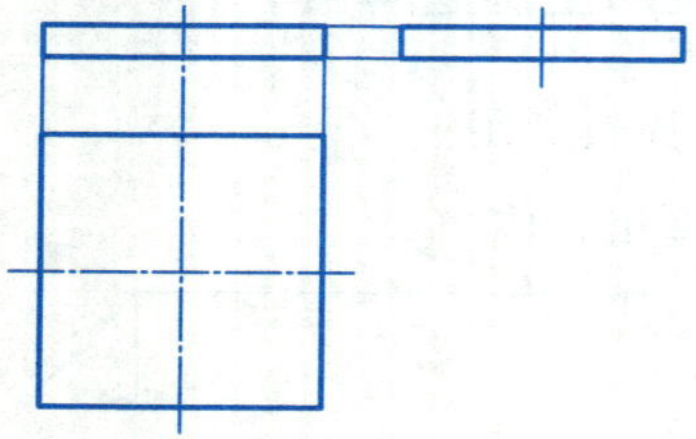

第三步:作四棱柱 2 的投影

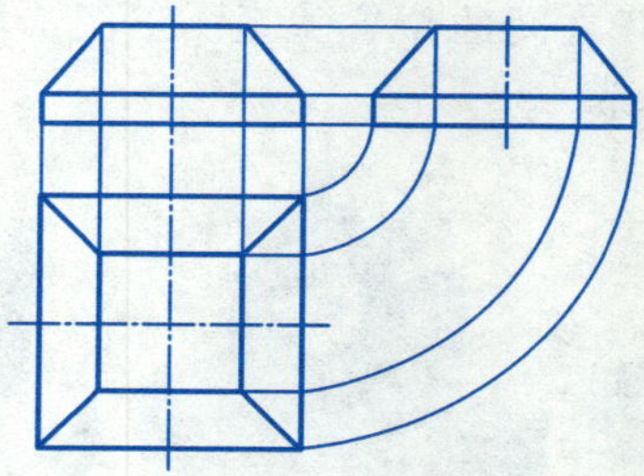

第四步:作四棱柱 3 的投影

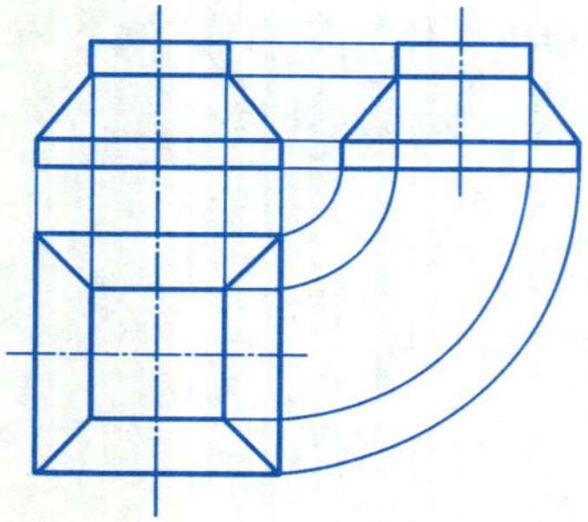

第五步:作四棱柱 4 的投影

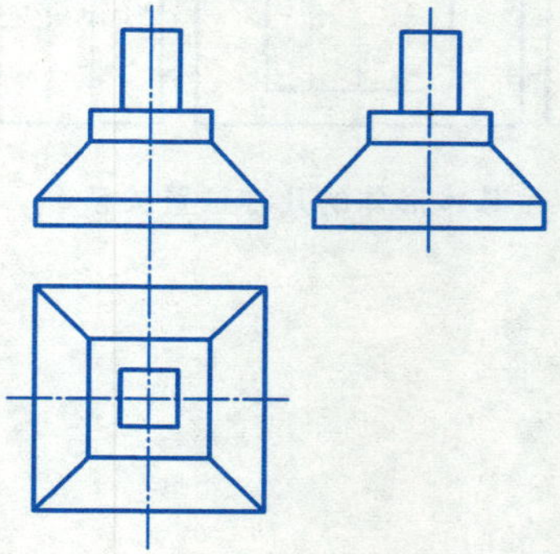

【例 5.2】 切割型组合体

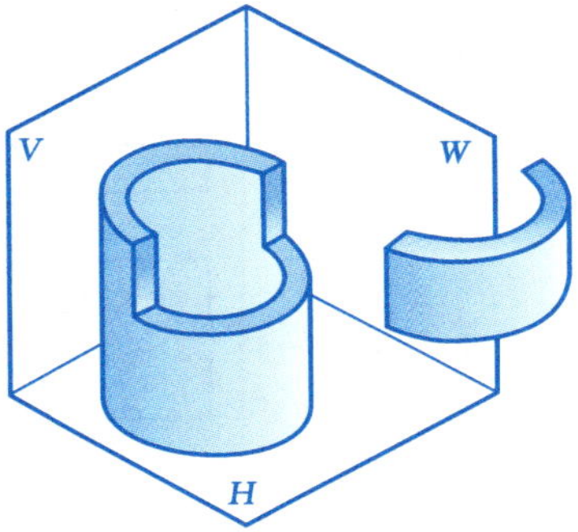

第一步:分析

该组合体由一个圆柱体挖去一个同轴同高的小圆柱体(称为中空圆管),再在其上端切去一段半圆管而成。

第二步:作圆柱体的投影

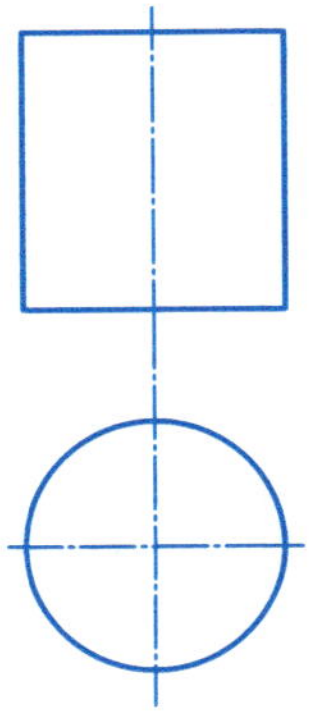

第三步:作挖去的同轴小圆柱体的投影

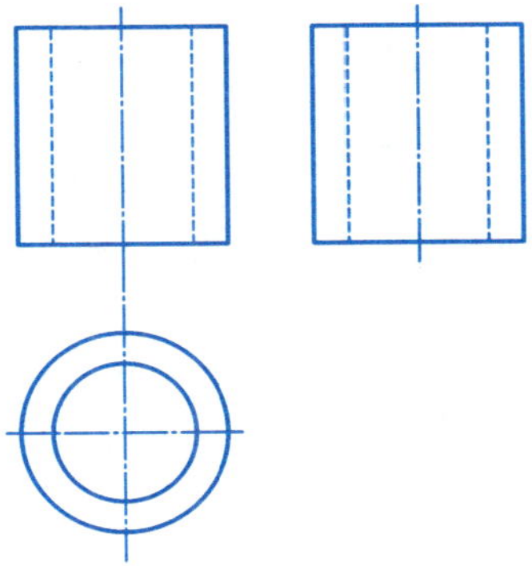

第四步:作切割上端半圆管后的投影

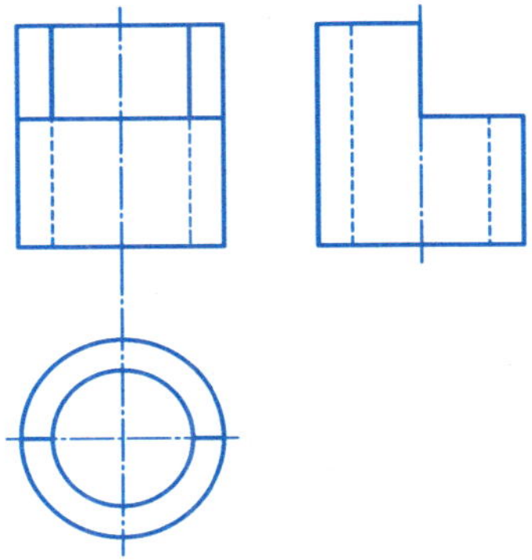

【例 5.3】 混合型组合体

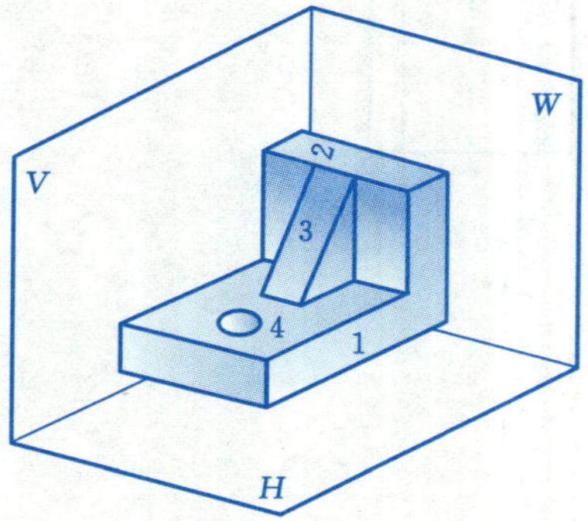

(a)

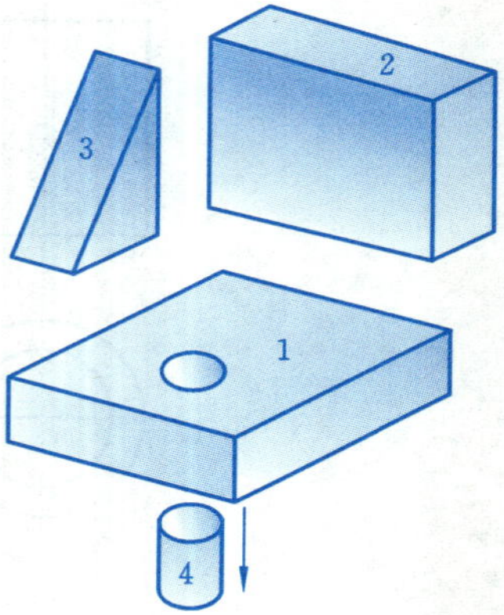

(b)

第一步：分析

该组合体为混合型组合体，最下部分是四棱柱 1，在它的上面叠加四棱柱 2 和三棱柱 3，而四棱柱 1 中又挖去了圆柱 4。

第二步：作四棱柱 1 的投影

第三步：作四棱柱 2 的投影

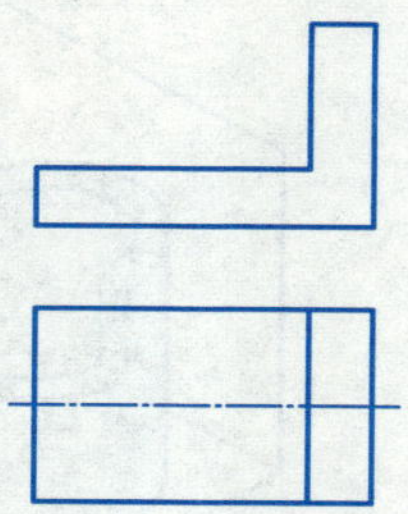

第四步：作三棱柱 3 的投影

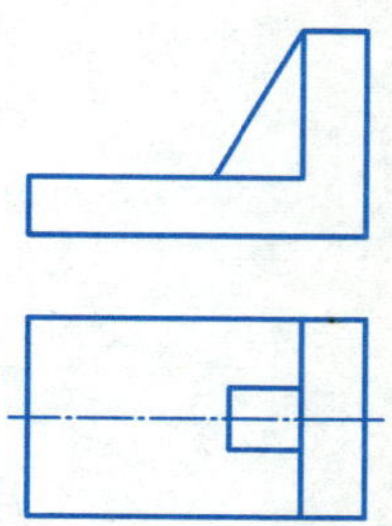

第五步：作挖去圆柱体的投影

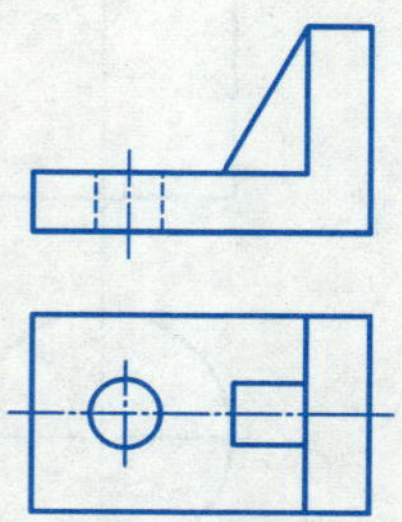

三、组合体的三面投影图习题(一)

看懂立体图，找出相应的投影图，并标出号码。

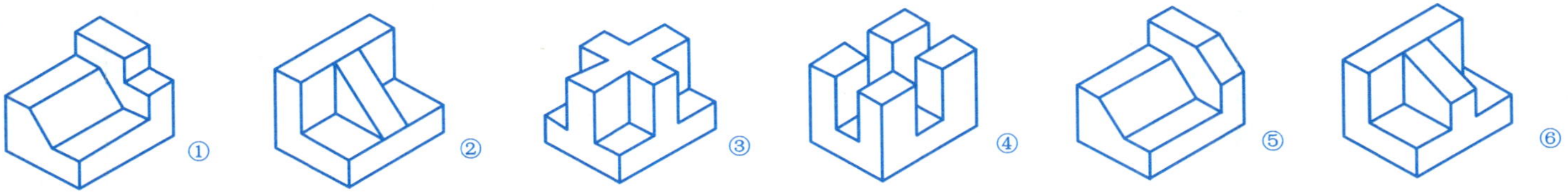

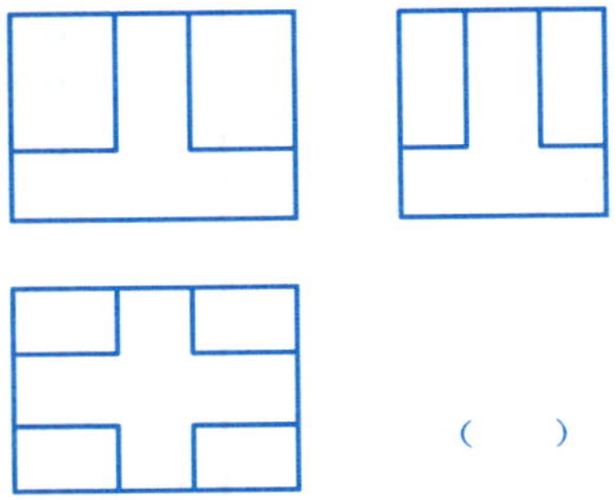

(   )

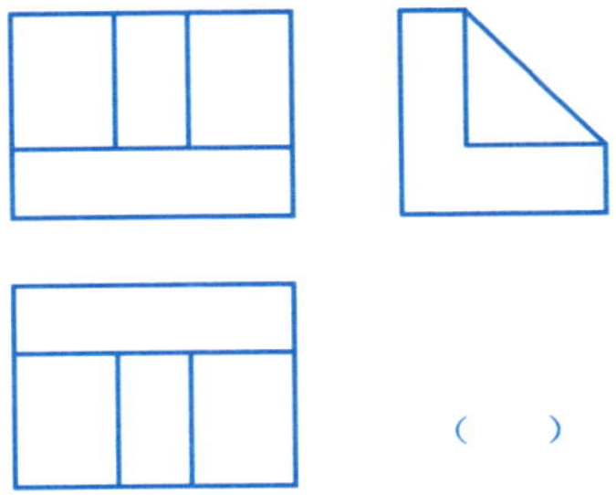

(   )

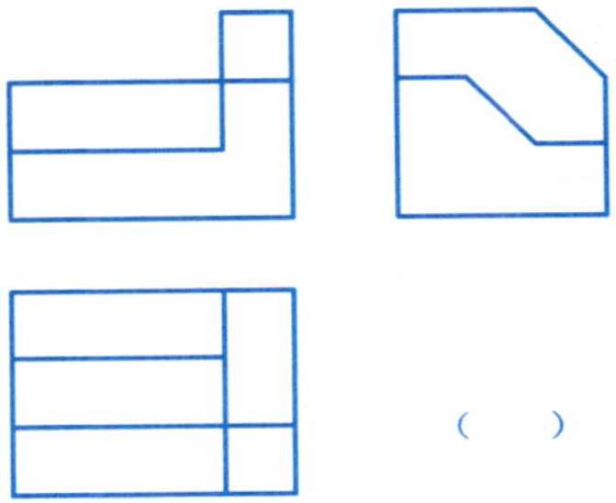

(   )

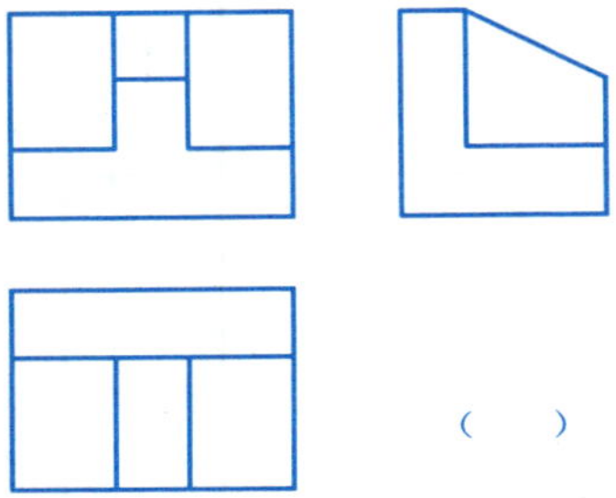

(   )

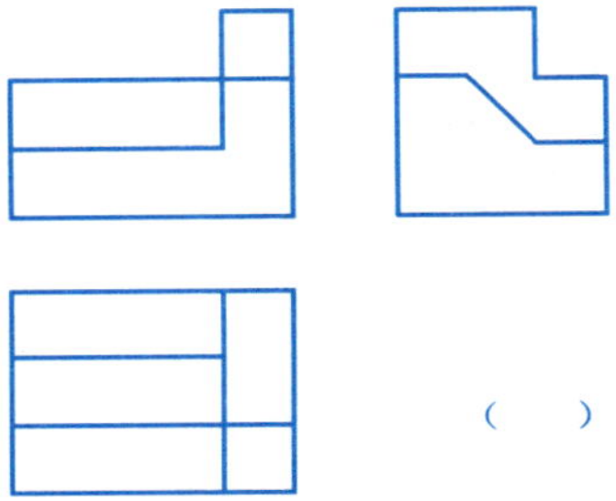

(   )

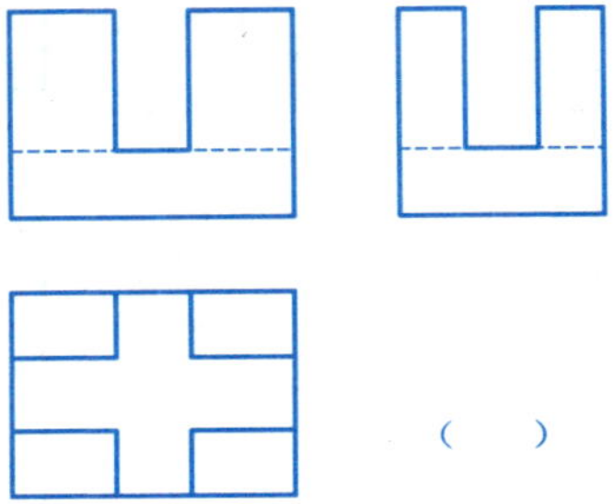

(   )

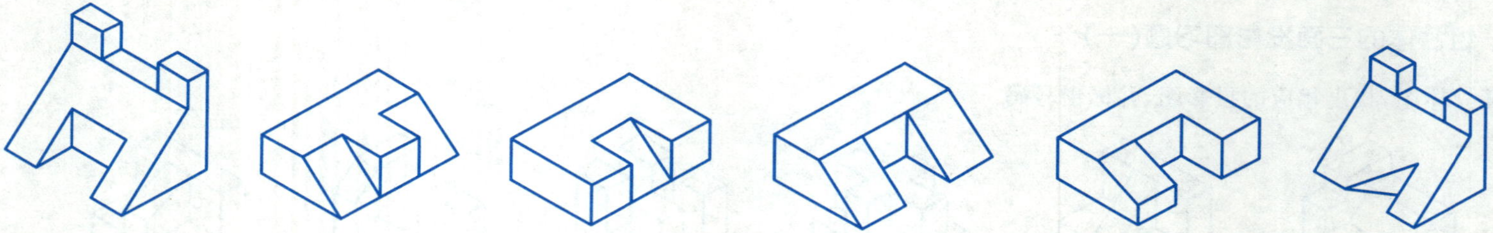

① ② ③ ④ ⑤ ⑥

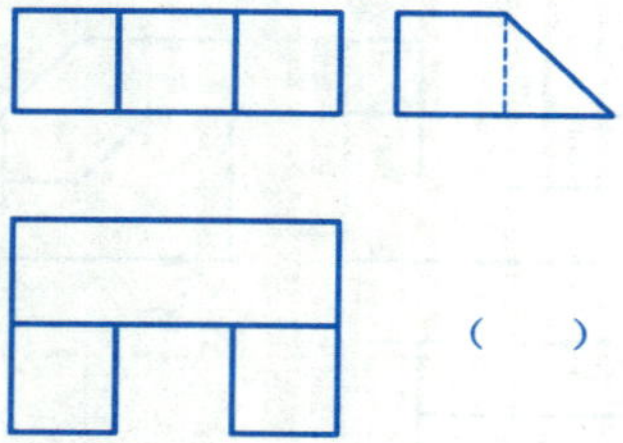

( )

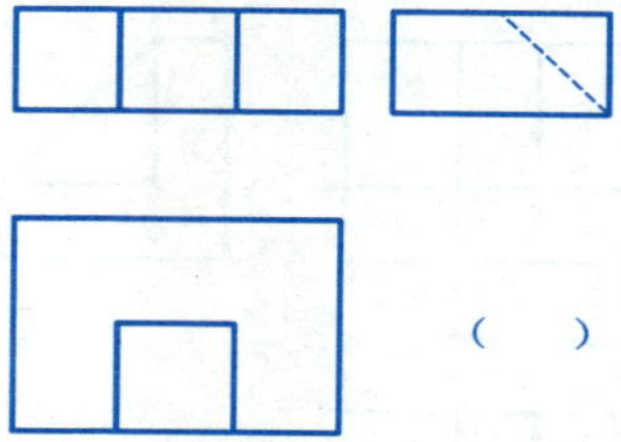

( )

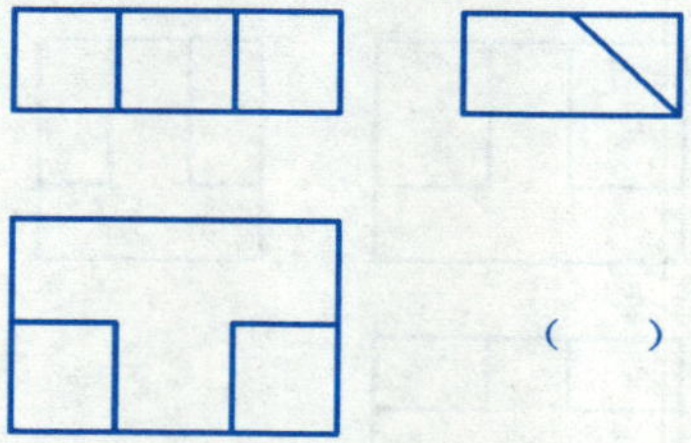

( )

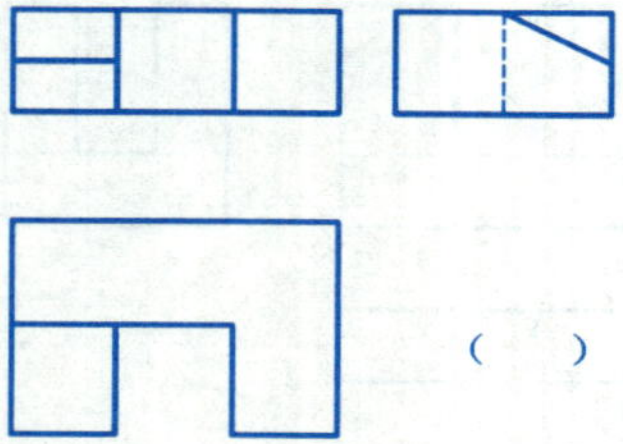

( )

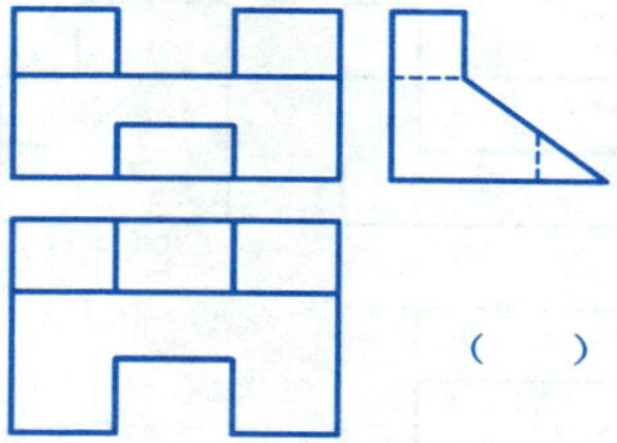

( )

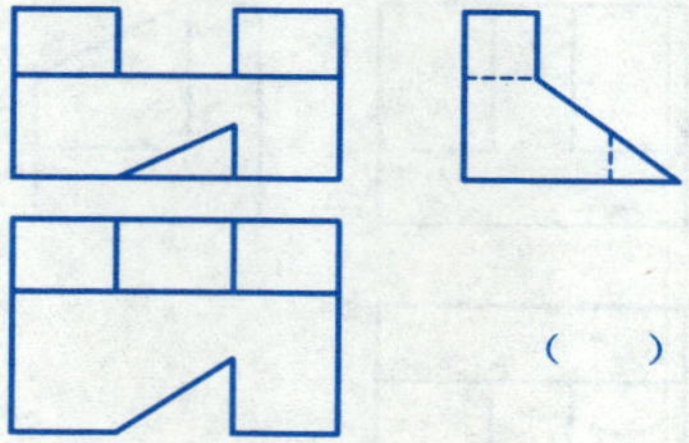

( )

四、组合体的三面投影图习题(二)

根据立体图绘制三面投影图。(图中箭头方向是 V 投影的投射方向,以下各题同)

1.

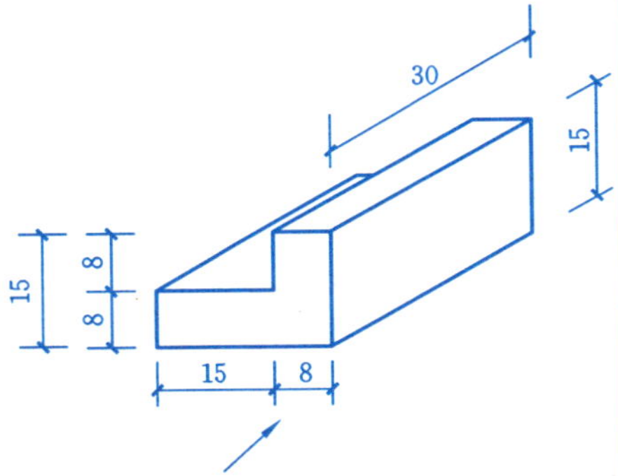

2.

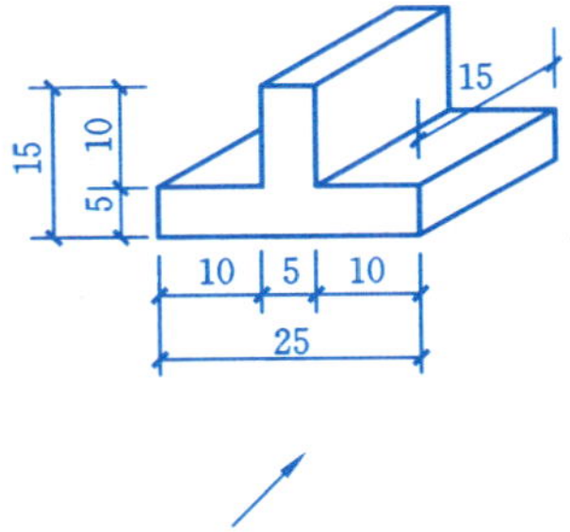

3.

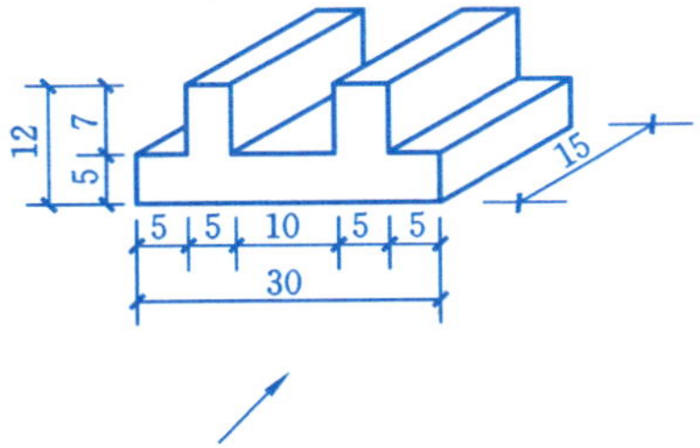

4.

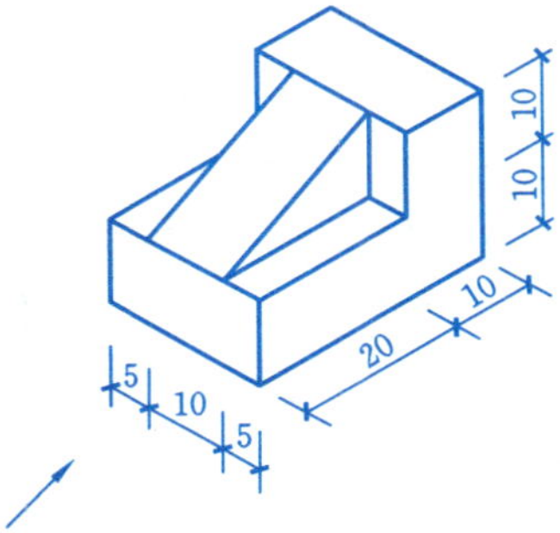

组合体三面投影图	班级		姓名		学号	

5.

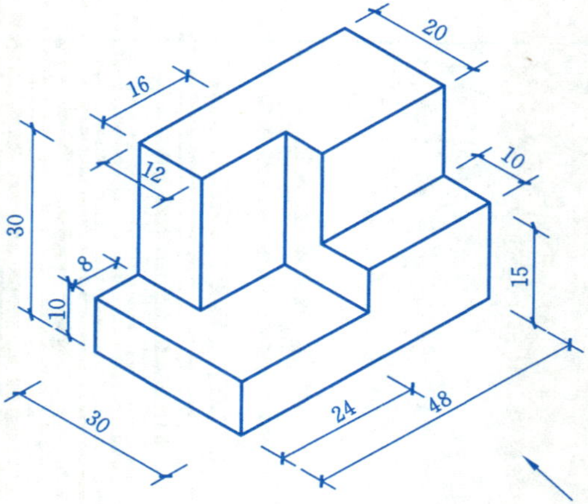

6.

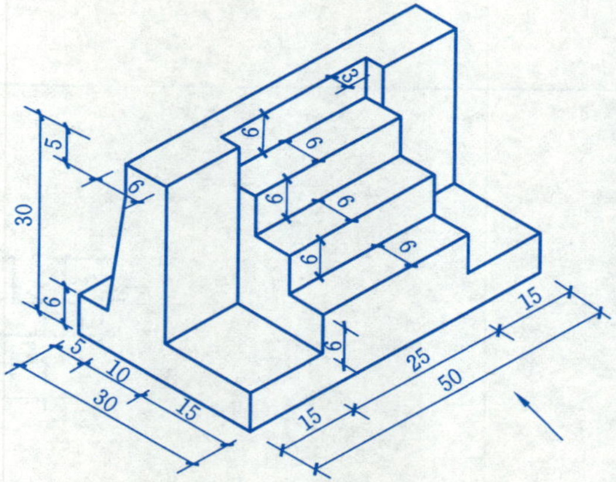

组合体三面投影图	班级		姓名		学号	

7.

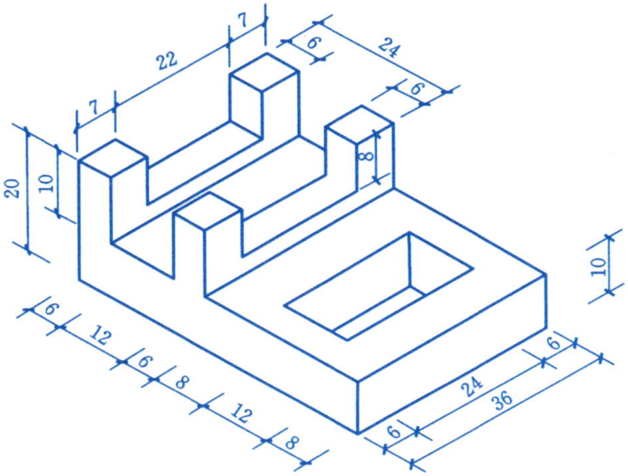

8.

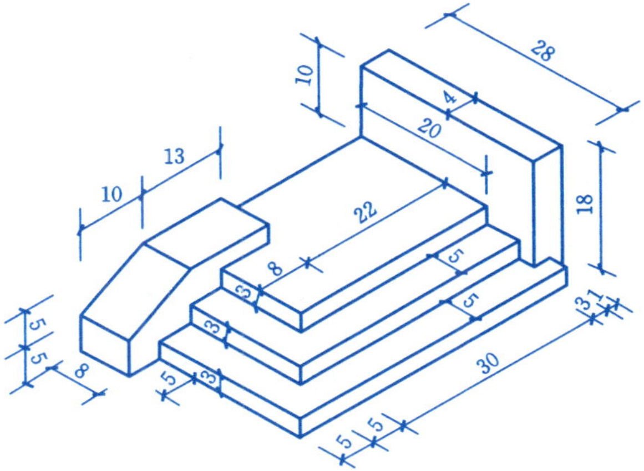

组合体三面投影图	班级		姓名		学号	

9.

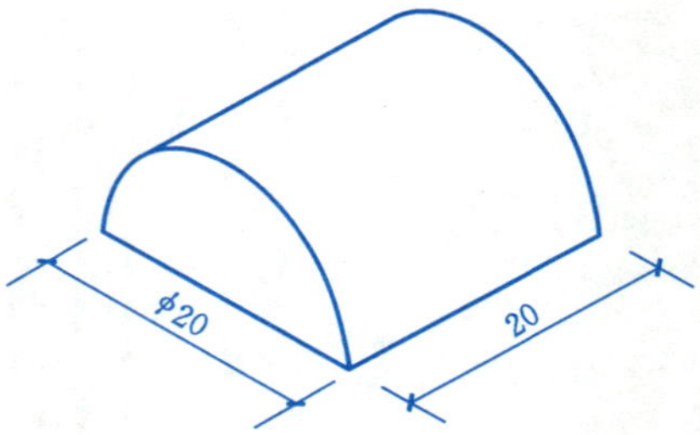

10.

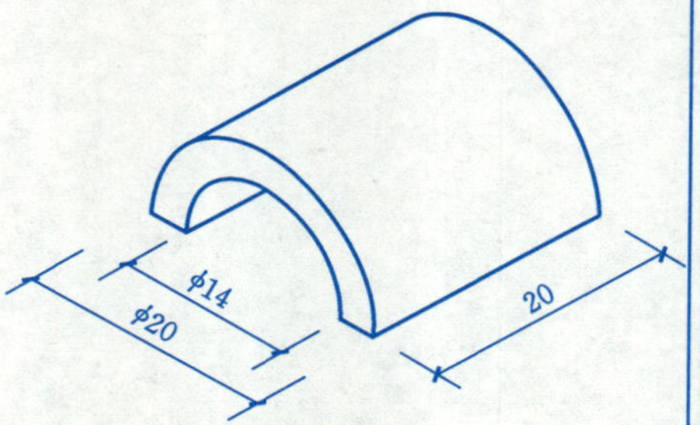

11.

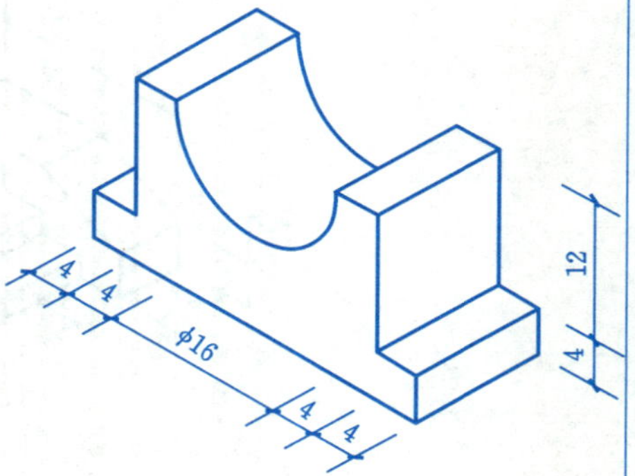

12.

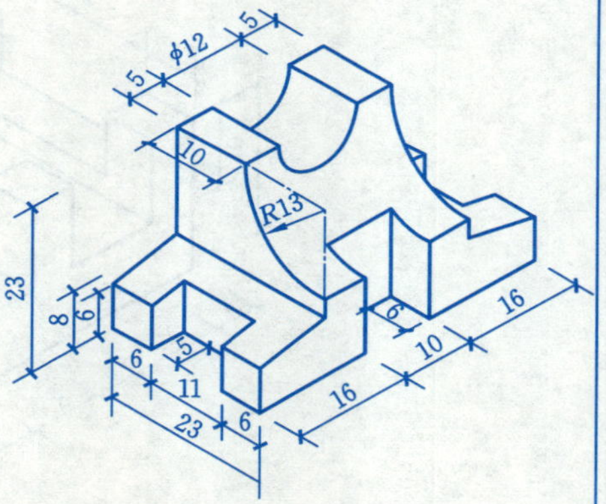

组合体三面投影图	班级		姓名		学号	

五、组合体的三面投影图习题(三)

根据立体图绘制三面投影图。

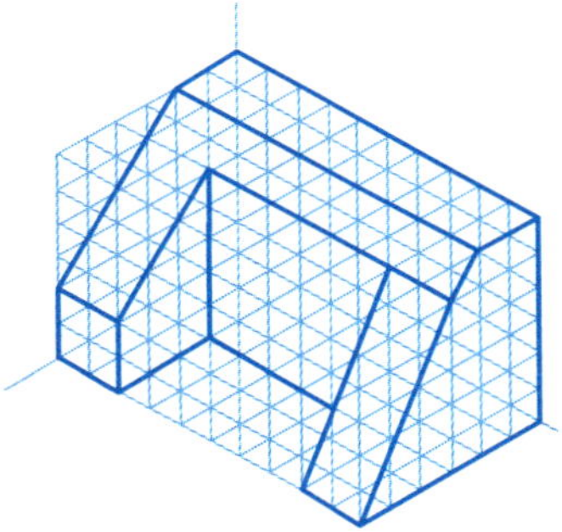

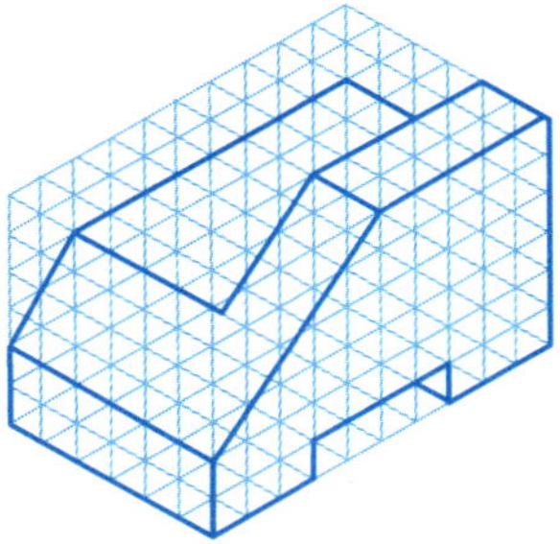

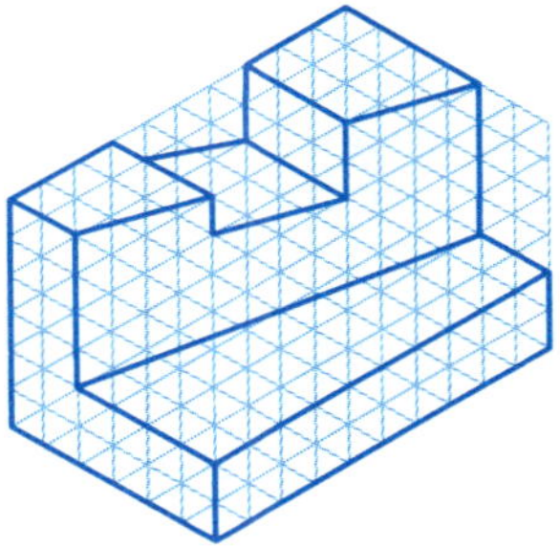

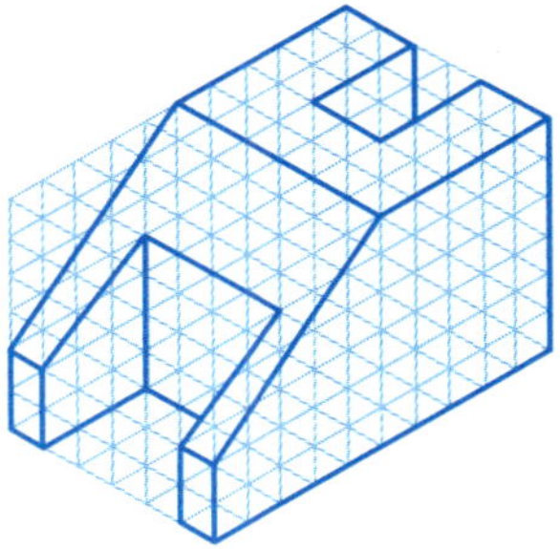

组合体三面投影图	班级		姓名		学号	

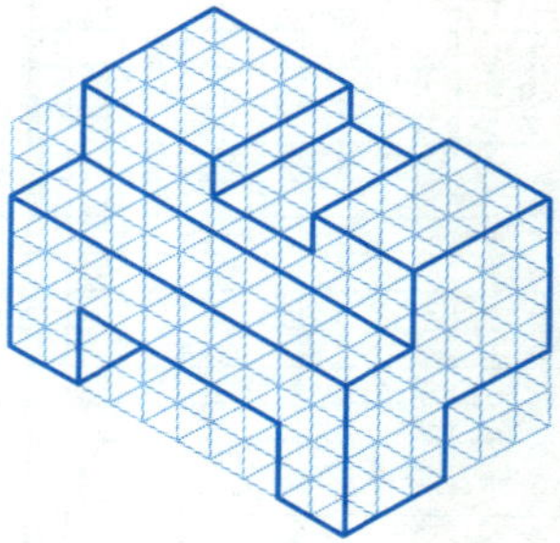

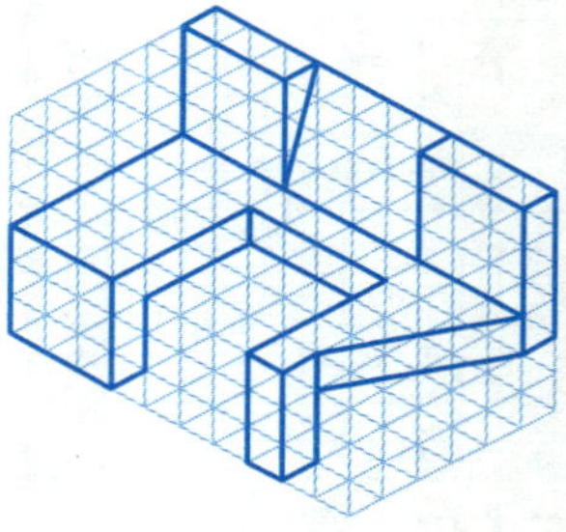

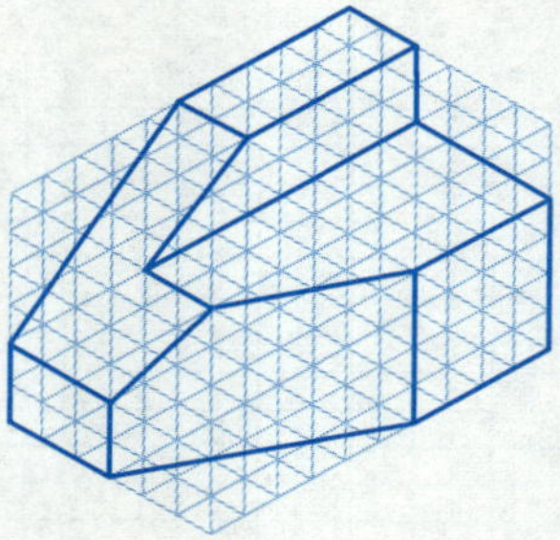

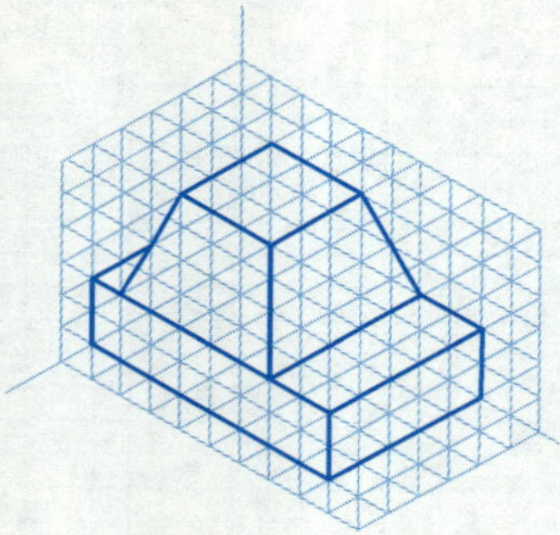

组合体三面投影图	班级		姓名		学号	

六、组合体的三面投影图习题(四)

根据两视图绘制第三视图(形体分析法)。

1.

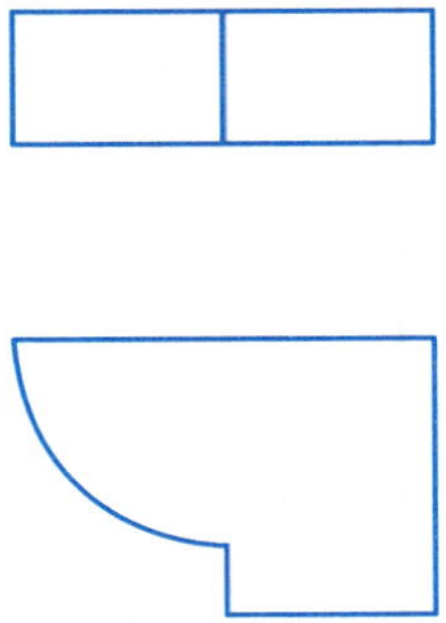

2.

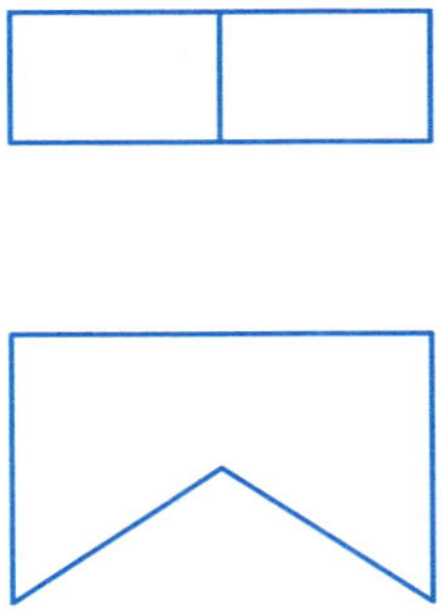

3.

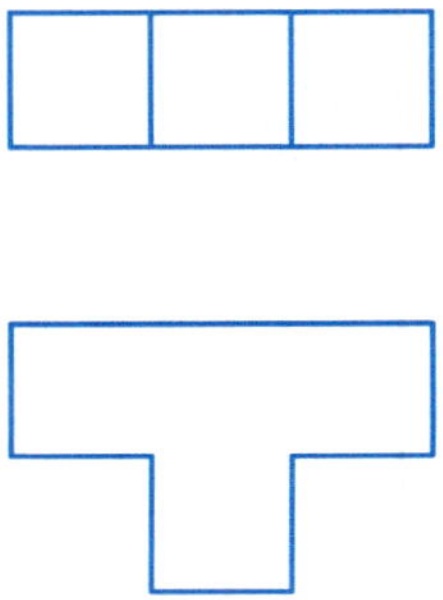

4.

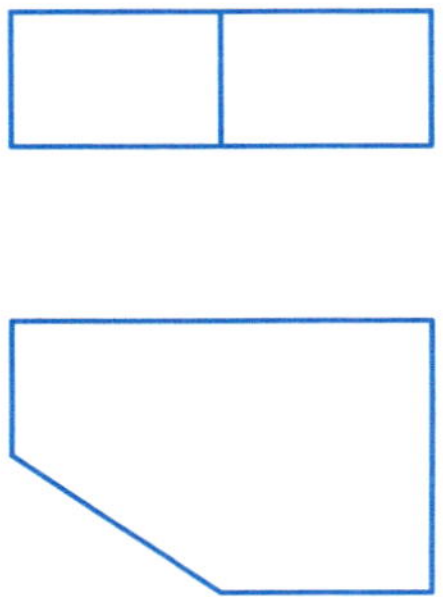

组合体三面投影图	班级		姓名		学号	

5.

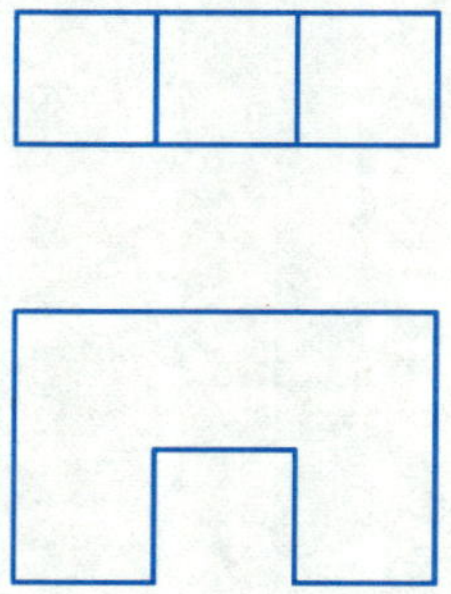

6.

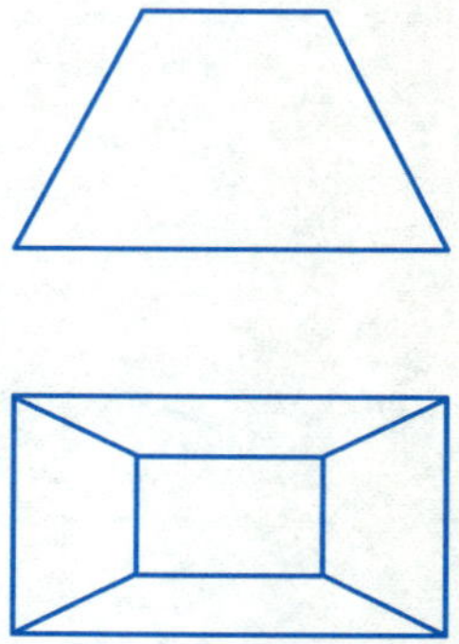

7.

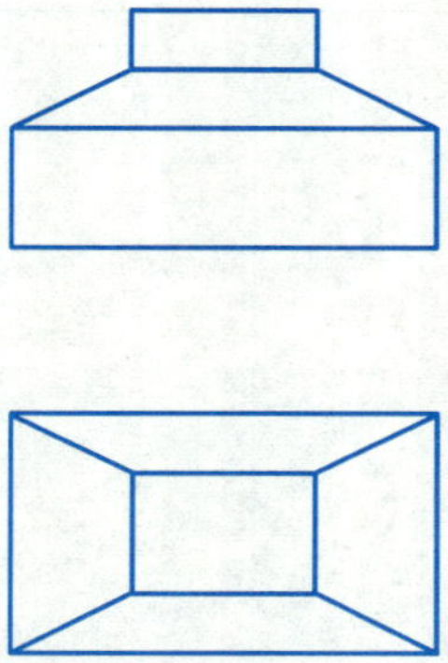

8.

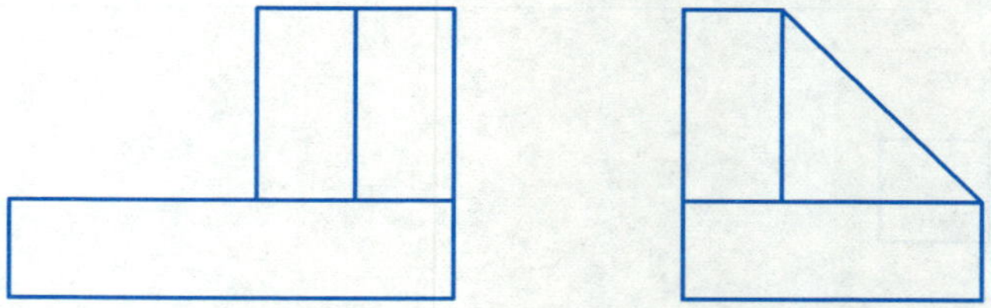

组合体三面投影图	班级		姓名		学号	

9.

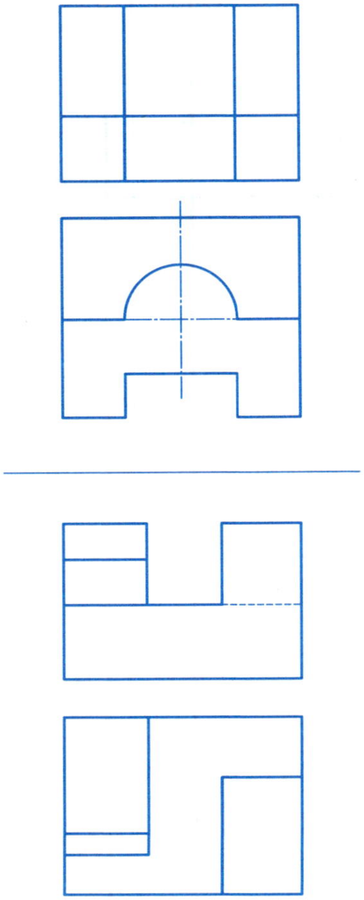

10.

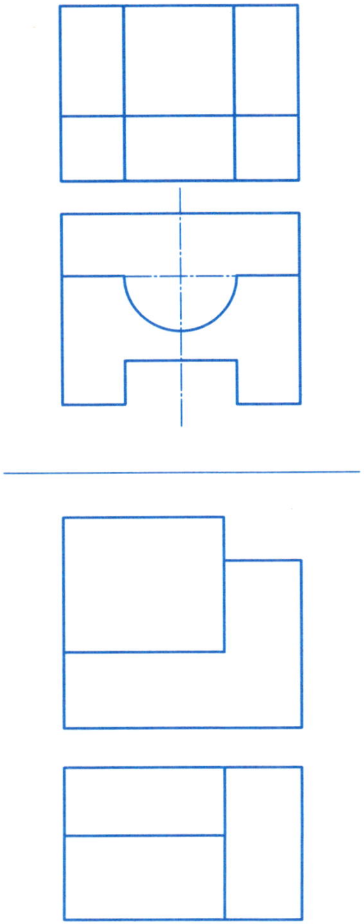

组合体三面投影图	班级		姓名		学号	

11.

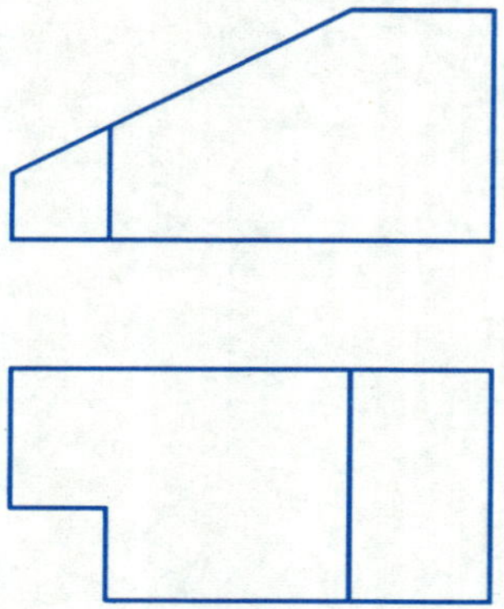

12.

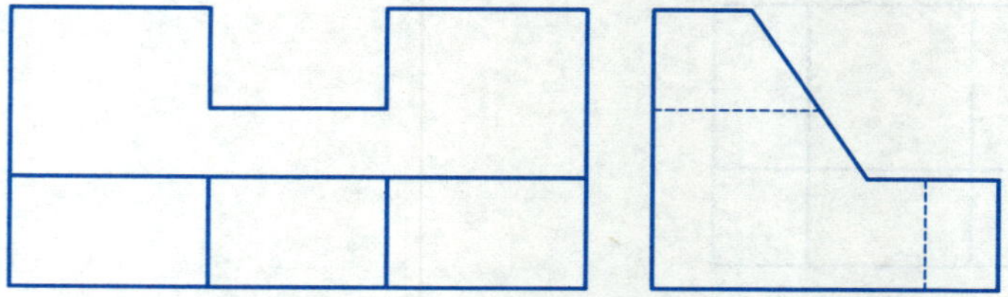

13.

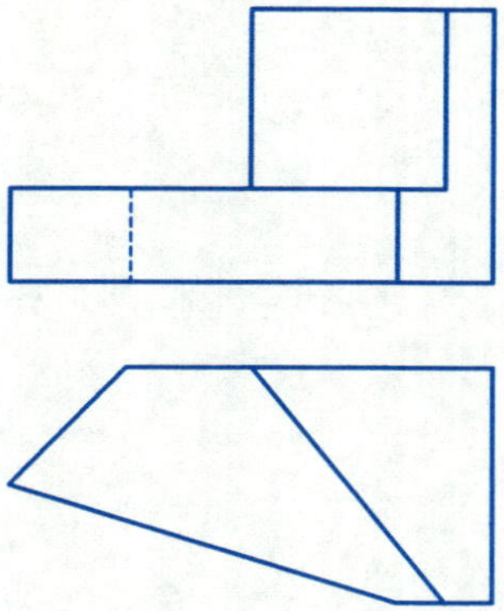

14.

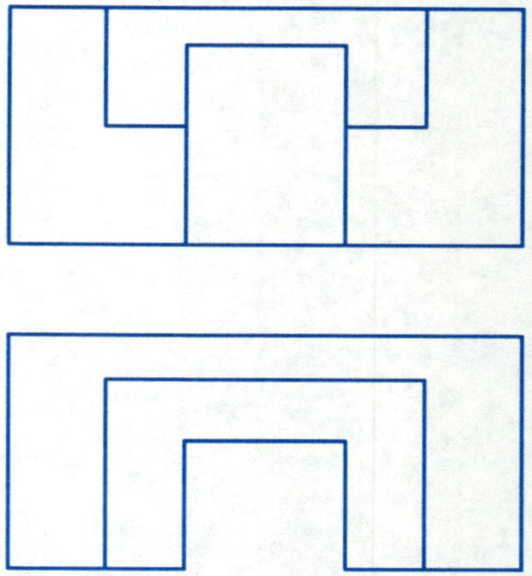

组合体三面投影图	班级		姓名		学号	

七、组合体的三面投影图习题(五)

根据两视图绘制第三视图(线面分析法)。

1.

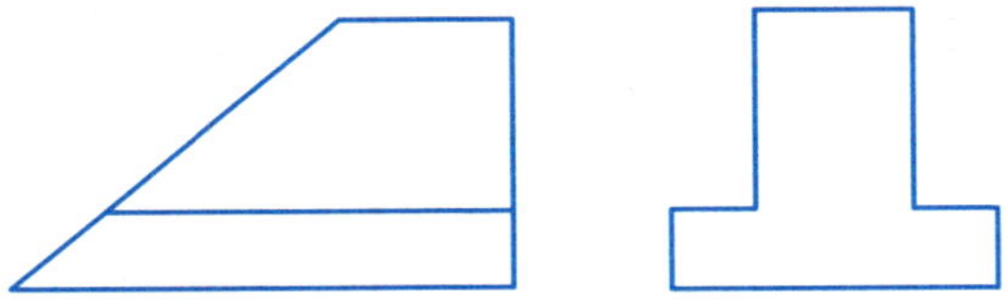

2.

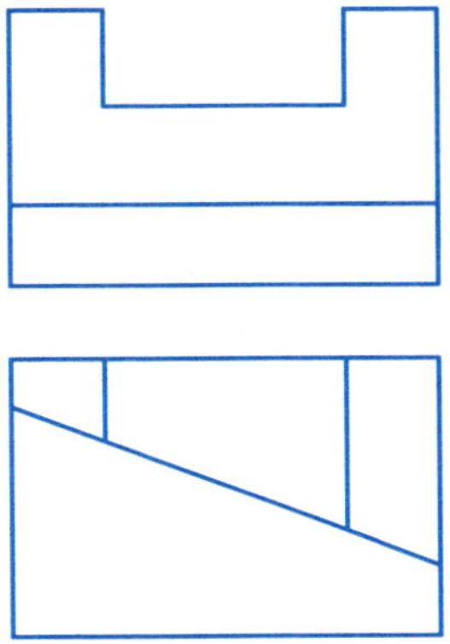

3.

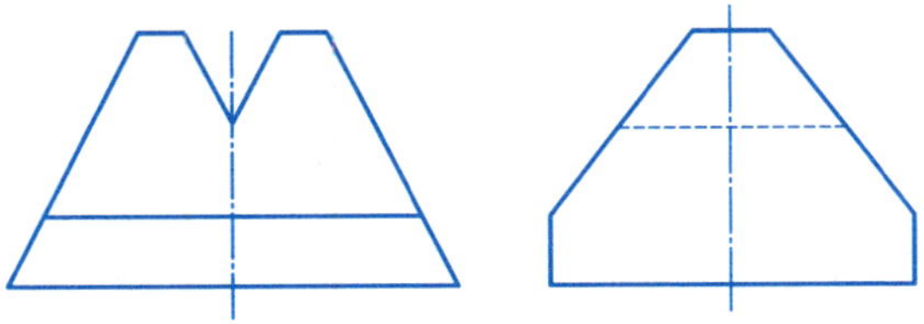

4.

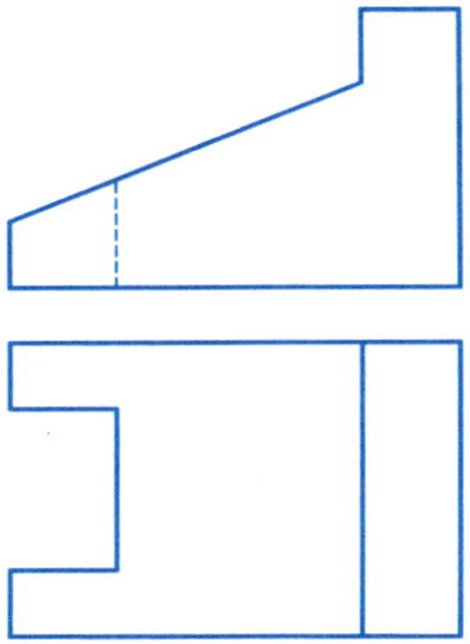

组合体三面投影图	班级		姓名		学号	

八、组合体的三面投影图习题(六)

补全组合体三视图中所缺的线。

1.

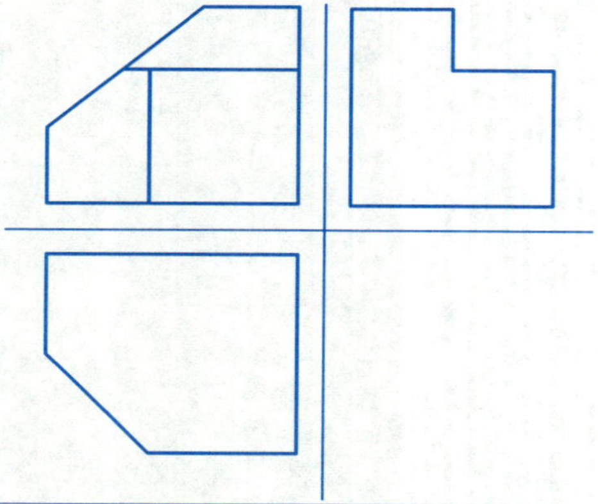

2.

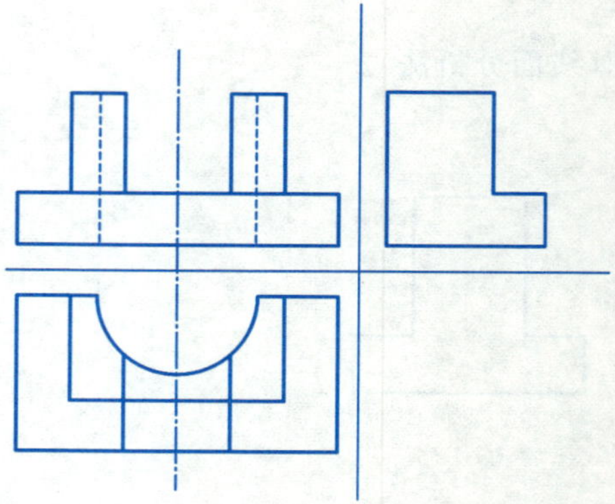

3.

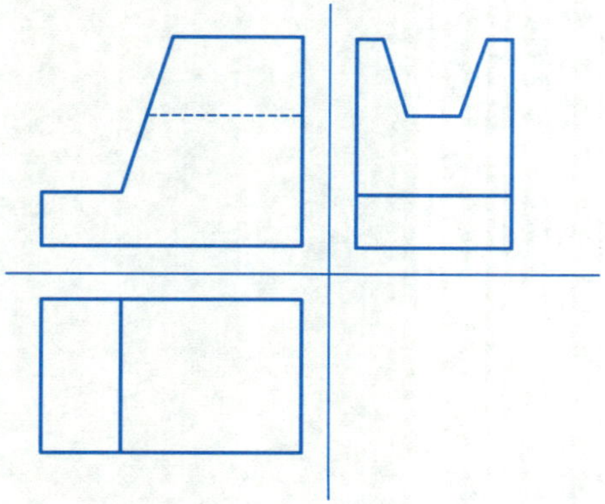

4.

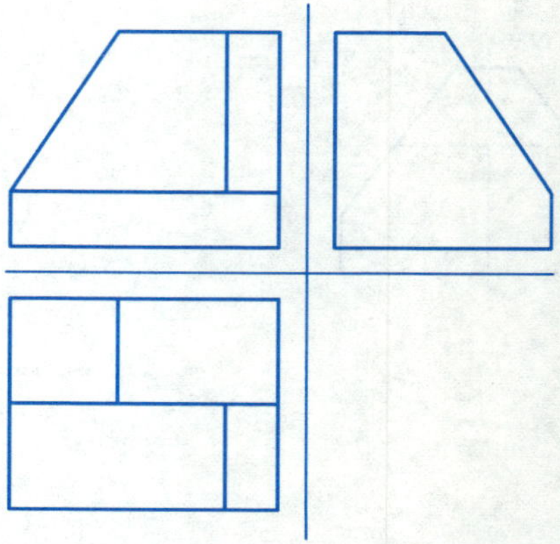

组合体三面投影图	班级		姓名		学号	

九、同坡屋面知识梳理

1. 概念

檐口的高度处在同一水平面上，各个坡面的水平倾角又相同，故称为同坡屋面。

2. 屋顶要素

（1）屋脊，指的是屋顶相对的斜坡或相对的两边之间顶端的交汇线，又分为正屋脊和斜屋脊。

（2）天沟，指建筑物屋面两跨间的下凹部分。屋面排水分有组织排水和无组织排水（自由排水），有组织排水一般是把雨水集到沟内再由雨水管排下，集聚雨水的沟就被称为天沟。天沟分内天沟和外天沟，内天沟是指在外墙以内的天沟，一般有女儿墙；外天沟是挑出外墙的天沟，一般没有女儿墙。天沟多用白铁皮或石棉水泥制成。

（3）屋檐，是指房屋前后坡的边缘部分。

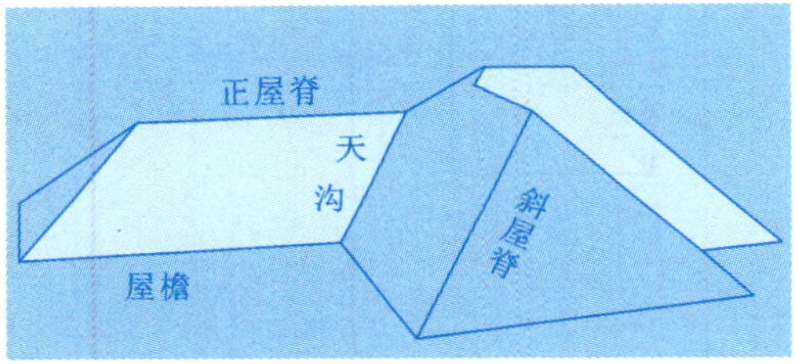

同坡屋面三维展示

3. 同坡屋面的基本形式

主要有两坡和四坡。其投影特性如下：

（1）读图思路

① 屋檐平行的两屋面相交于正屋脊。

② 相邻两屋面必交于斜屋脊或天沟，其水平投影必过屋檐水平投影的交点且呈角平分线。

③ 屋顶上有两条交线时必有第三条交线存在，且三交线共点。

④ 屋顶三交线中必有一条正屋脊和另两条斜屋脊，或是一条正屋脊、一条斜屋脊及一条天沟。

（2）绘图思路

①檐口线平行的两个坡面相交，其交线是一条水平的平行于檐口线的屋脊线，它的 H 面投影必定平行于檐口线的 H 面投影，且与两个檐口线距离相等。

②檐口线相交的相邻两个坡面，其交线是一条斜脊或斜沟，它的 H 面投影必定为两檐口线夹角的分角线。由于建筑物的墙角绝大多数是 $90°$ 直角，故此斜脊或斜沟线的 H 面投影为 $45°$ 斜线。

③如果两斜脊、两斜沟或一斜脊和一斜沟相交，在交点处必有另一条屋脊线相交，该交点为三个相邻屋面的共有点。

十、同坡屋面例题解答

完成同坡屋面的三面投影图($\alpha=30°$)。

【例 5.4】 等宽坡屋顶。

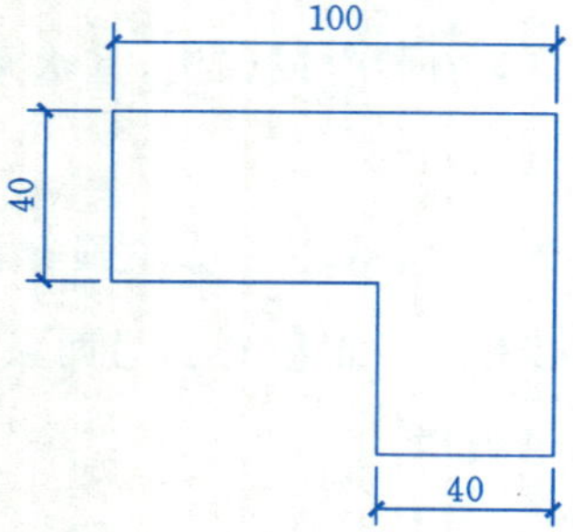

第一步:分割房间。

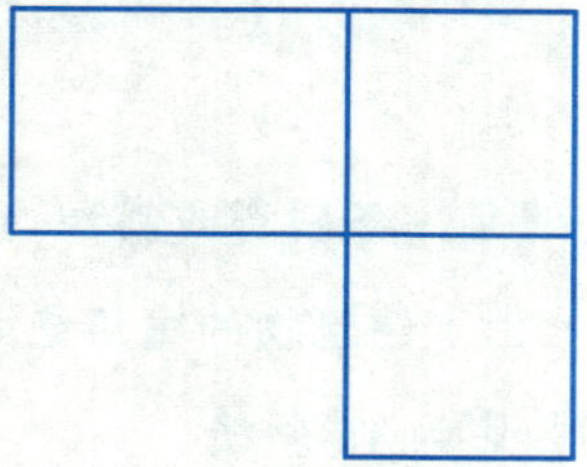

第二步:作部分斜脊和天沟——过每个房间屋檐交点作斜脊和天沟,过每个屋檐作角平分线。

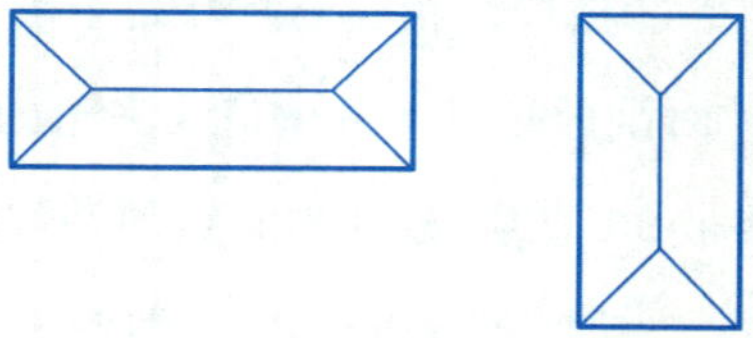

第三步:将同一坡度的屋面的斜屋脊线和天沟线去掉。

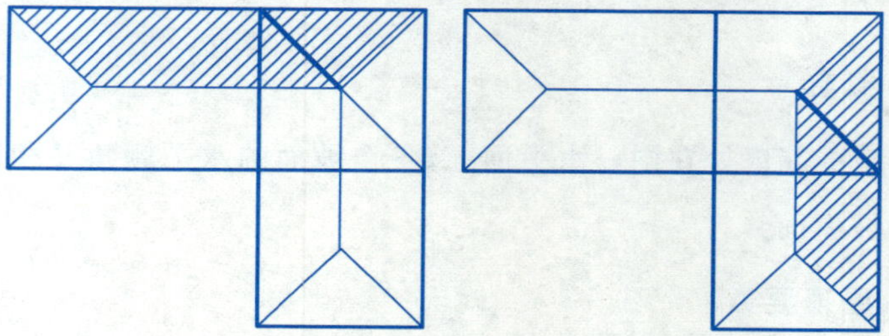

第四步:作剩余斜脊(45°方向)。

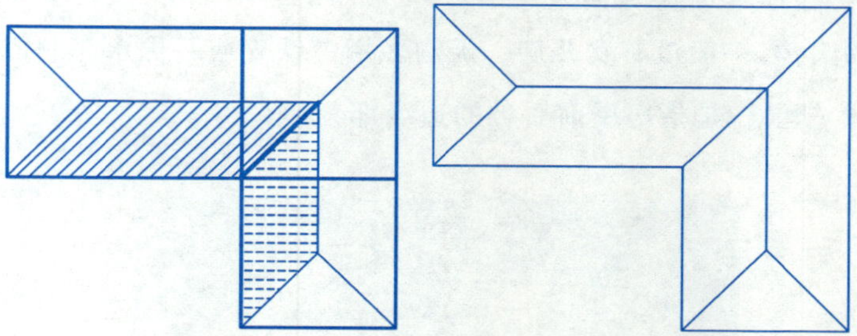

第五步：作正面投影——每个斜屋脊和天沟作 $\alpha=30°$ 的正面斜屋脊线。

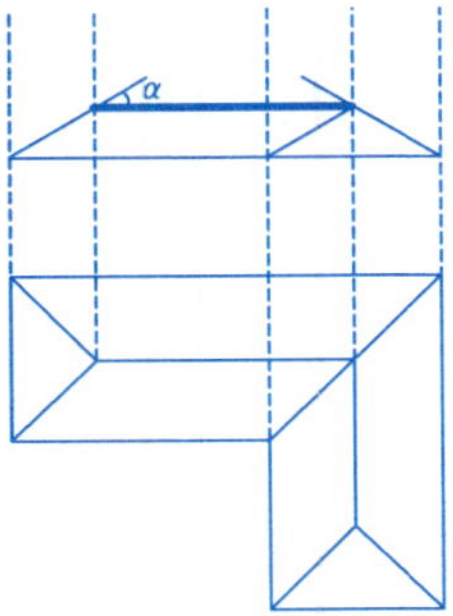

第六步：作侧面投影——每个斜屋脊和天沟作 $\alpha=30°$ 的侧面斜屋脊线。

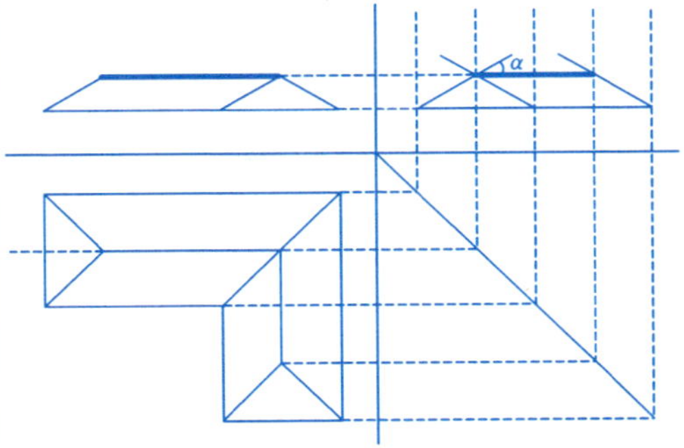

【例 5.5】 不等宽同坡屋顶。

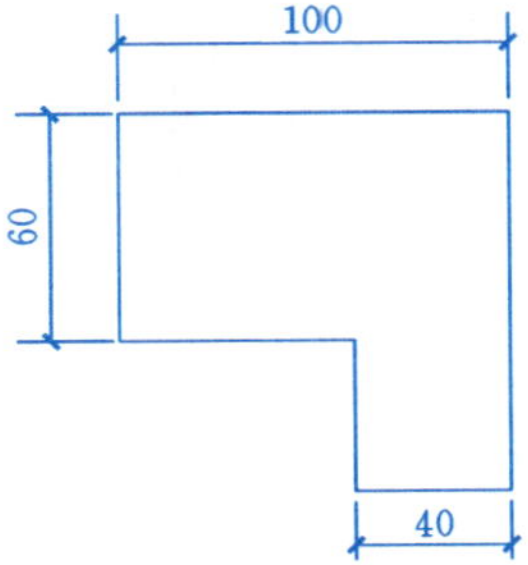

答案：

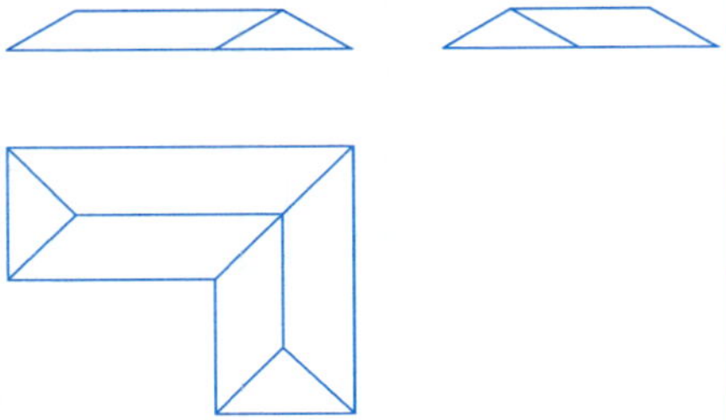

立体图：

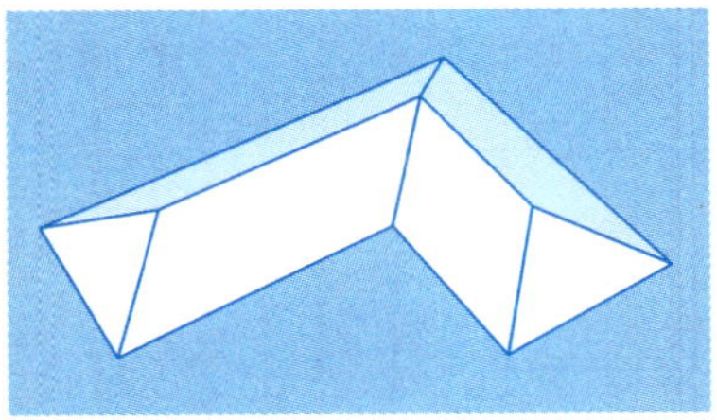

第一步：分割房间。

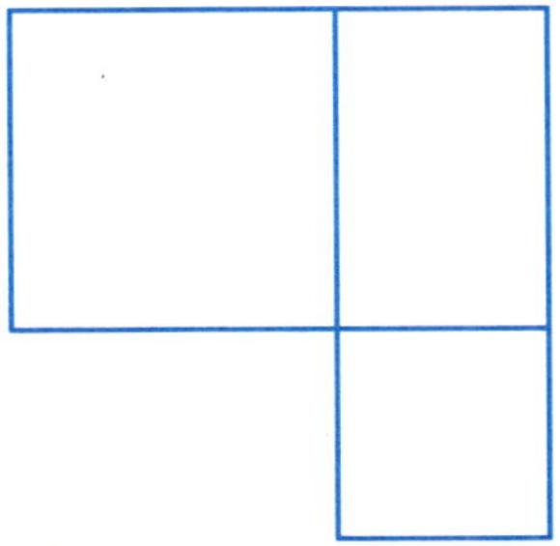

第二步：作部分斜脊和天沟——过每个房间屋檐交点作斜脊和天沟，过每个屋檐作角平分线。

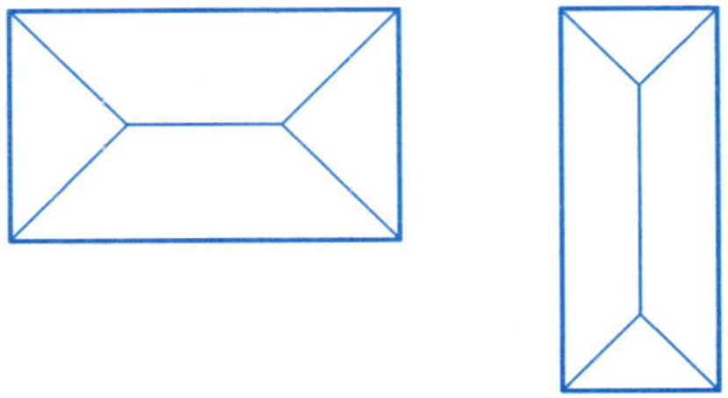

第三步：将同一坡度的屋面的斜屋脊线和天沟线去掉。

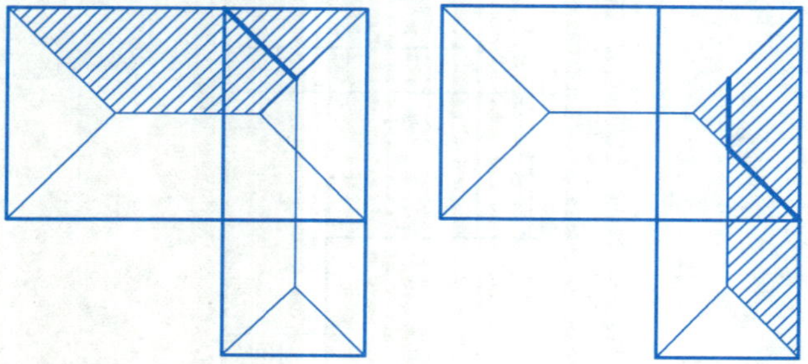

第四步：作剩余斜脊——45°方向。

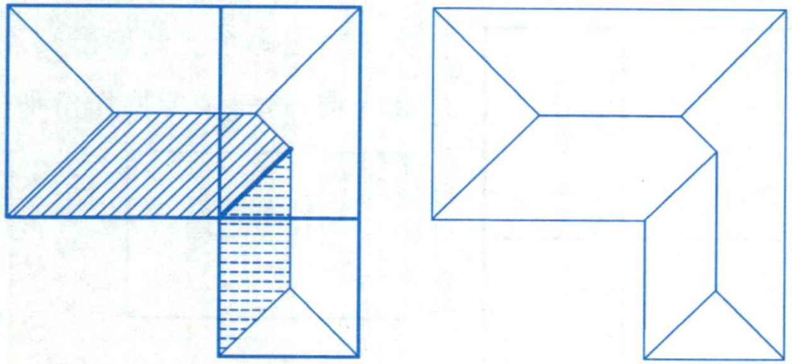

第五步：作正面和侧面投影——每个斜屋脊和天沟作 $\alpha=30°$ 的斜屋脊线。

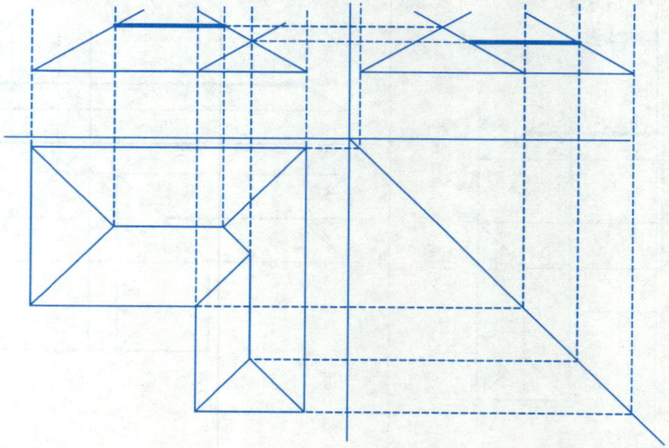

答案：

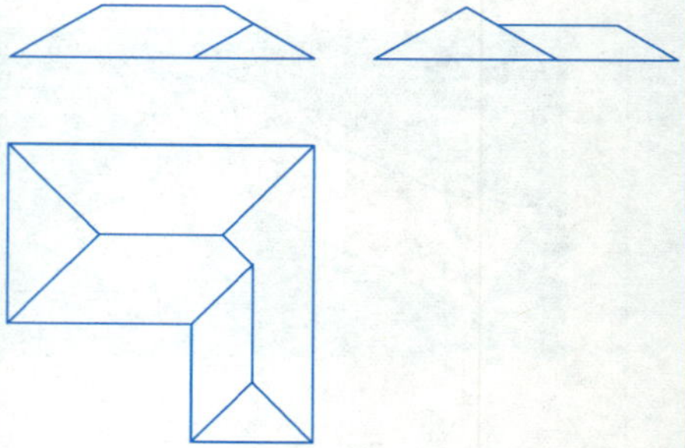

立体图：

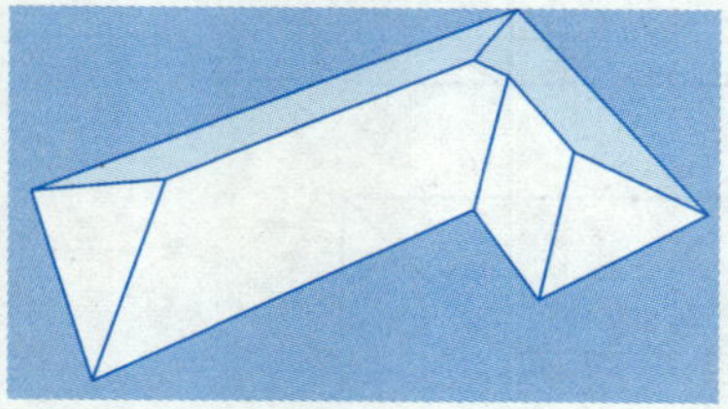

小结：相同坡度的情况下，房间越宽，它所对应的正屋脊的高度越高。

【例 5.6】 多间房同坡屋顶。

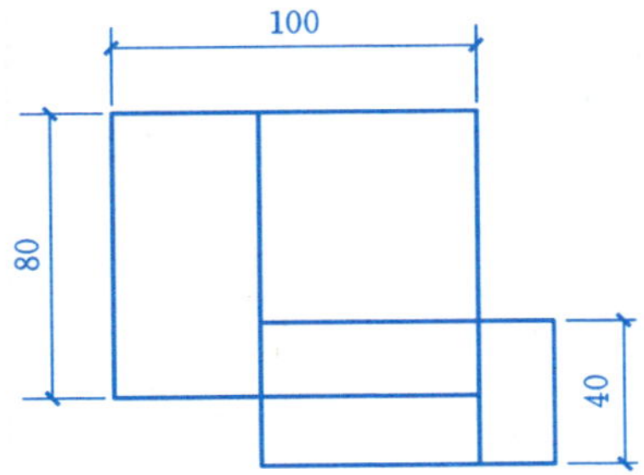

第一步：分割房间。

分割原则：每个房间对角线最大化。

方案一：正确

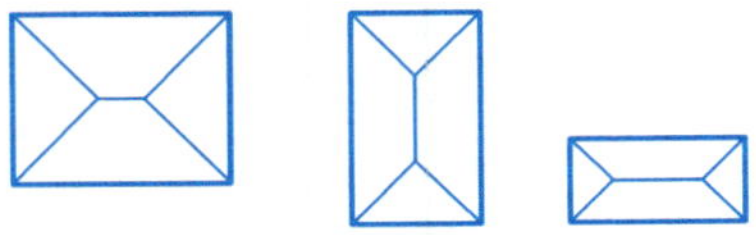

方案二：错误

第二步：作部分斜脊和天沟——过每个房间屋檐交点作斜脊和天沟，过每个屋檐作角平分线。

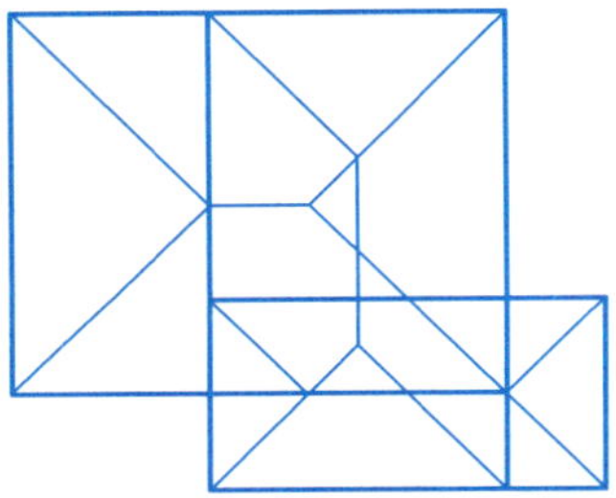

第三步：将同一坡度的屋面的斜屋脊线和天沟线去掉。

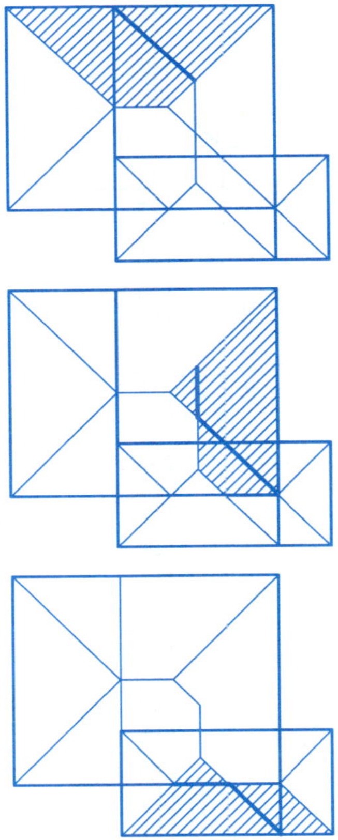

第四步：作剩余斜脊（45°方向）

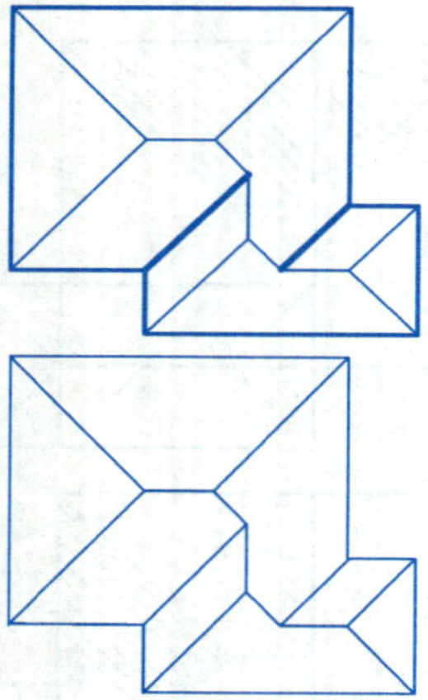

第五步：作正面和侧面投影：每个斜屋脊和天沟作 $\alpha=30°$ 的斜屋脊线。

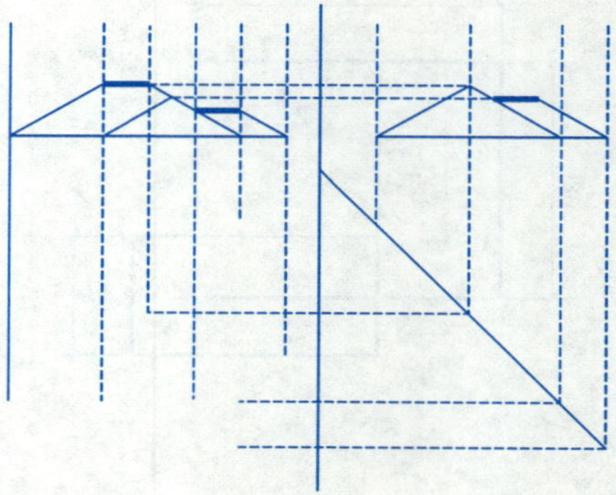

立体图：

十一、同坡屋面习题

完成同坡屋面的三面投影图($\alpha=30°$)。

1.

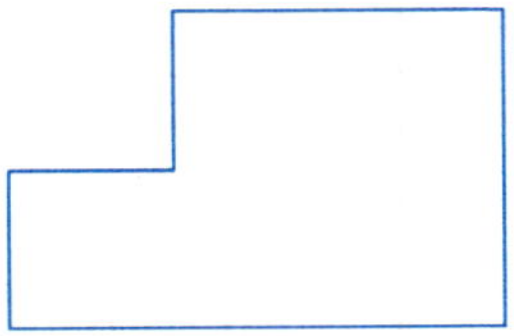

2.

同坡屋面练习	班级		姓名		学号	

3.

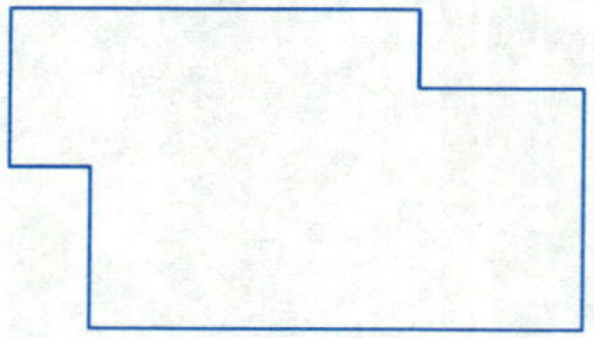

4.

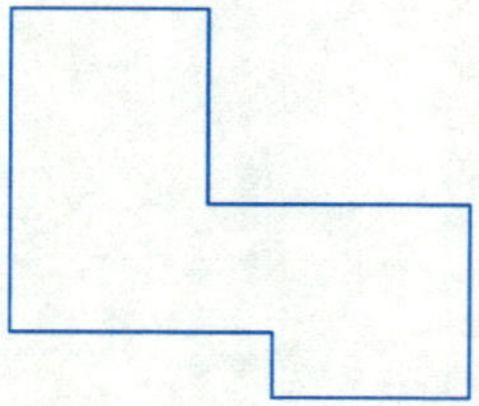

同坡屋面练习	班级		姓名		学号	

第六章　轴测图与正轴测图

一、轴测图知识梳理

（一）轴测图的形成

轴测图用平行投影法将物体连同确定该物体的直角坐标系一起沿不平行于任一坐标平面的方向投射到一个投影面上，所得到的图形叫作轴测投影，简称轴测图。它具有较强的立体感。

投影面 P 称为轴测投影面，投射线 S 的方向称为投射方向，空间坐标轴 OX、OY、OZ 在轴测投影面上的投影 O_1X_1、O_1Y_1、O_1Z_1 称为轴测投影轴，简称轴测轴。轴测轴之间的夹角 $\angle X_1O_1Y_1$、$\angle Y_1O_1Z_1$、$\angle Z_1O_1X_1$ 称为轴间角。

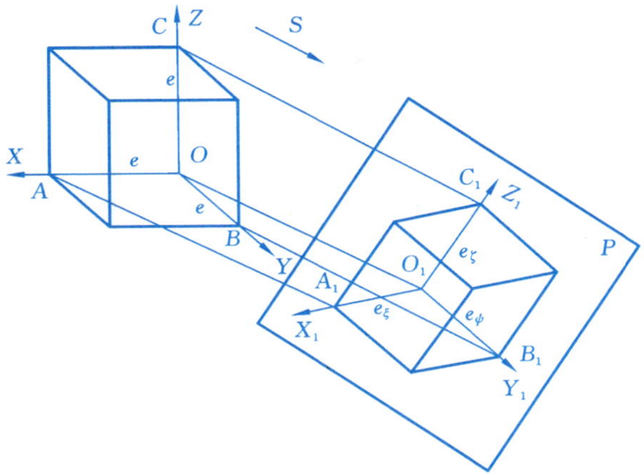

轴测投影

S 的投射方向不与任何坐标面平行，就使得轴测投影图上的图形尺寸与相应的空间实际尺寸不同。我们将轴测投影图上的图形尺寸即投影长（如左图中的 e_ξ、e_ζ、e_ψ）与相应的空间实际尺寸即空间长（如左图中的 e）之比叫轴向伸缩系数。由于轴向伸缩系数不等于1，画轴测投影图时，轴测投影图上的尺寸要根据伸缩系数计算后才可知道，故画图比较麻烦。为了方便起见，使伸缩系数简化为1（也叫简化的伸缩系数），我们就可直接从正投影图中量取尺寸，并在轴测投影面上沿轴向测量出该尺寸。尽管这样画出的轴测图与按理论的伸缩系数画出的轴测投影图大小不同，但形状是一样的。

沿 O_1X_1 轴的轴向伸缩系数 $O_1A_1/OA=p$；

沿 O_1Y_1 轴的轴向伸缩系数 $O_1B_1/OB=q$；

沿 O_1Z_1 轴的轴向伸缩系数 $O_1C_1/OC=r$。

（二）轴测投影的种类

轴测图的画法一般有正轴测投影和斜轴测投影两种。

（1）正轴测投影：投射方向垂直于轴测投影面时所得到的轴测投影。正轴测投影根据其伸缩系数不同，又分正等轴测投影和正二等轴测投影。

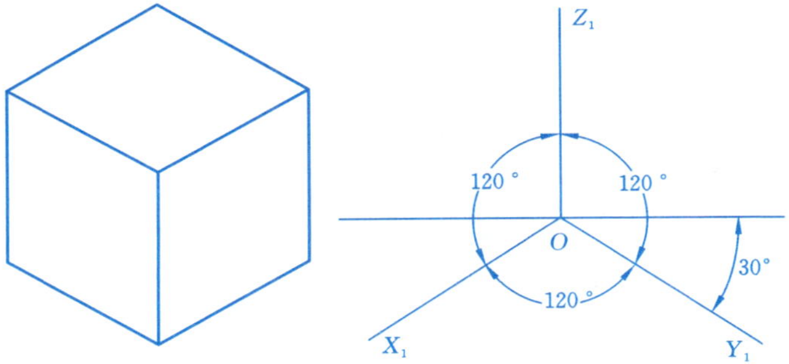

正等轴测的画法原理

(2) 斜轴测投影：投射方向倾斜于轴测投影面时所得到的轴测投影。斜轴测投影又分正面斜轴测投影和水平斜轴测投影。

在绘制房屋建筑的轴测图时，宜采用以下几种轴测投影并用简化的轴向伸缩系数绘制，即正等轴测、正面斜二轴测和水平斜二轴测。

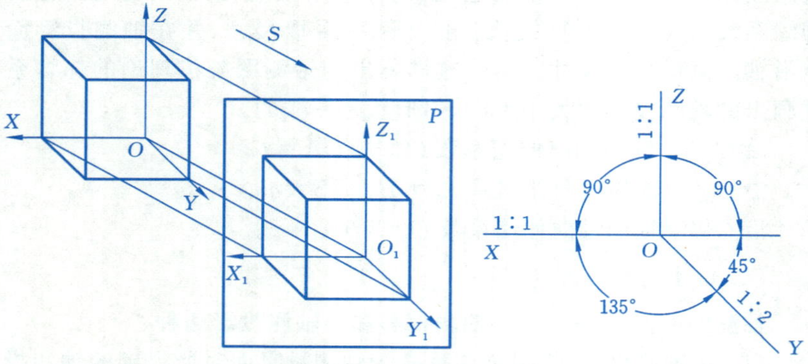

正面斜二轴测的画法原理

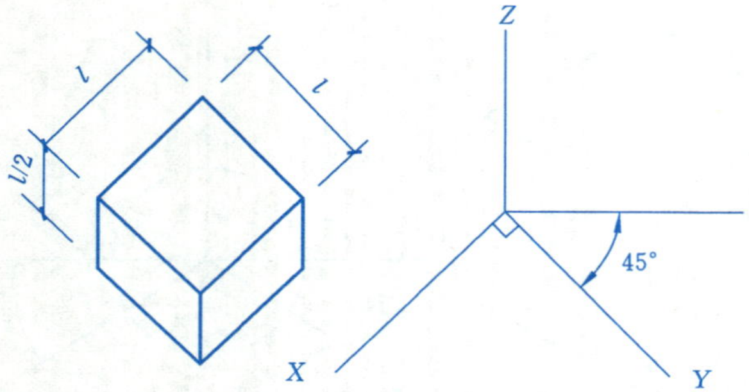

水平斜二轴测的画法原理

（三）轴测投影的基本特性

轴测图是用平行投影法得到的，具有以下投影特性：

(1) 平行性，即空间相互平行的直线，它们的轴测投影仍相互平行。

(2) 定比性，物体上平行于坐标轴的线段的轴测投影与原线段之比，具有相同的轴向变形系数。

(3) 与坐标轴倾斜的直线不具有轴向变形系数。

（四）画轴测图的步骤

轴测图的画法一般有以下几个步骤：

(1) 看懂三面正投影图

画轴测图之前要看懂三面投影图，并把它们之间的关系搞清楚，把整体和细部尺寸看明白。

(2) 确定好形体的坐标轴、画图的起点位置和三个轴的方向

一个立方体有六个面，一般能看到三个面。以起点位置为准画出长、宽、高三个轴的方向。高度方向通常取直上直下的垂直状态；长、宽两个方向可按正轴测或斜轴测确定的方向任选一种。

(3) 画出整体长、宽、高外框

通过推平行线，画出整体长、宽、高外框。

(4) 画出每块细部内容

画出每一大块中的细部内容，最好是自下而上依次画出。应注意的是：起稿线要轻，以保证被遮挡部位也能分辨清楚。

(5) 进行最后加工

由于画图需要辅助线，所以画成后要擦掉这些辅助线，并将最后的结果加工成粗实线。

二、轴测图例题解答

【例 6.1】 根据所给的三棱锥投影图，绘制出它的正等轴测图。

作图：

(1) 先画出三个轴测轴 OX、OY 和 OZ，使其轴间角为 120°；

(2) 从平面图量取点 a 的 X 值和 Y 值；

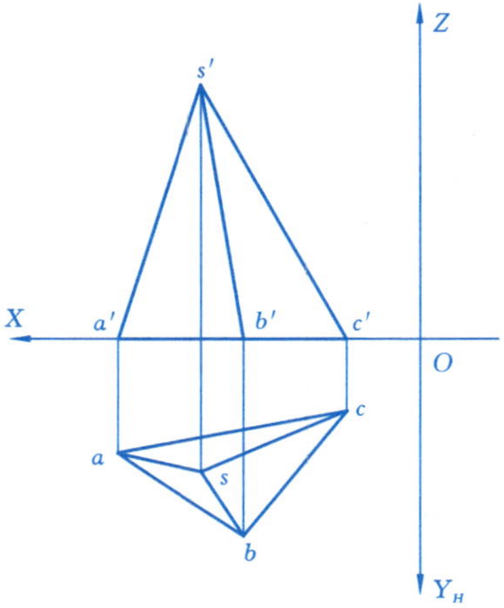

(3) 在轴上量取相应值(伸缩系数为 1)，得到点 A。用同样的方法，画出点 B、C 和 S。

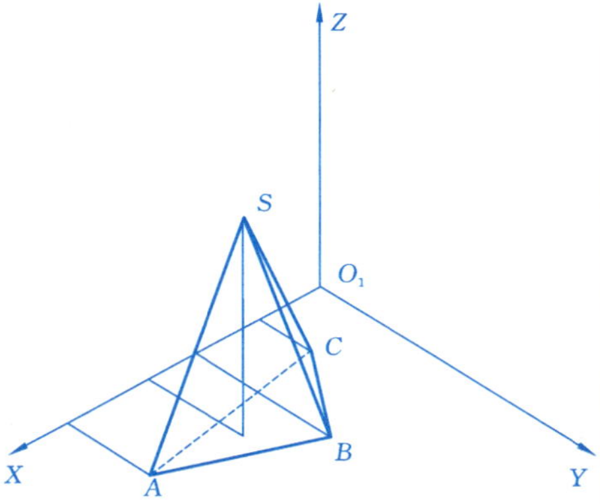

(4) 连接各点，并判断可见性，即得出三棱锥的正等轴测图。

【例 6.2】 已知基础的投影图，画出它的正等测。

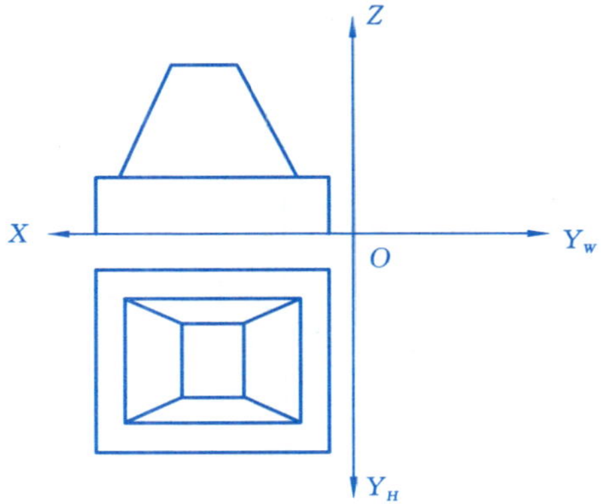

作图：

(1) 先对基础进行形体分析。基础由棱柱和棱台组成，是叠加型组合体，可用叠加法绘制，先画棱柱，再画棱台。

注：为简化画图，下面介绍中将根据几何体的特点选择 XOY 平面。

(2) 画棱柱顶面。先画轴测轴，再把顶面的长、宽量取到轴测投影图中来。

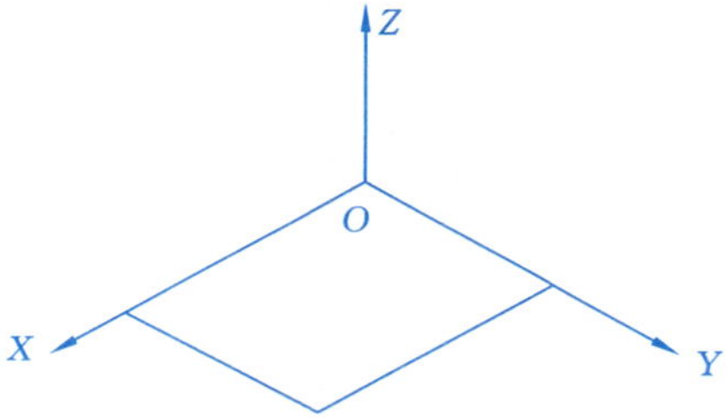

（3）从顶面各个顶点引铅垂线，截取棱柱高度并将各顶点连线，即到得棱柱的正等测图。

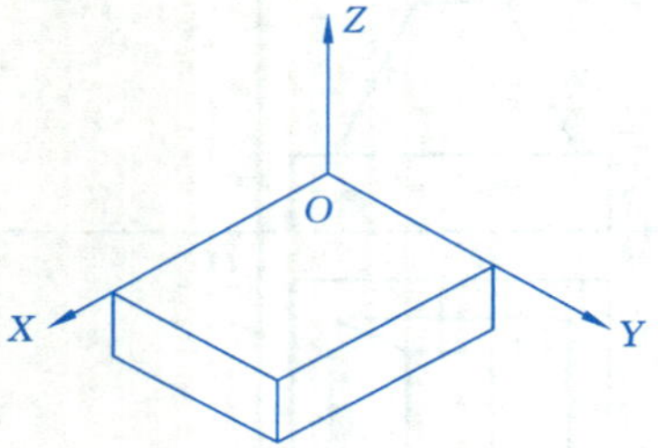

（4）棱台下底面与棱柱顶面重合。作棱台顶面的四个顶点时，先画棱台四个顶点在棱柱顶面上的投影，再向上竖起高度。

（5）从已作出的四个交点（棱台顶面在棱柱顶面上的投影）竖起的高度，得到棱台顶面的四个顶点。连接四个顶点得棱台的顶面。

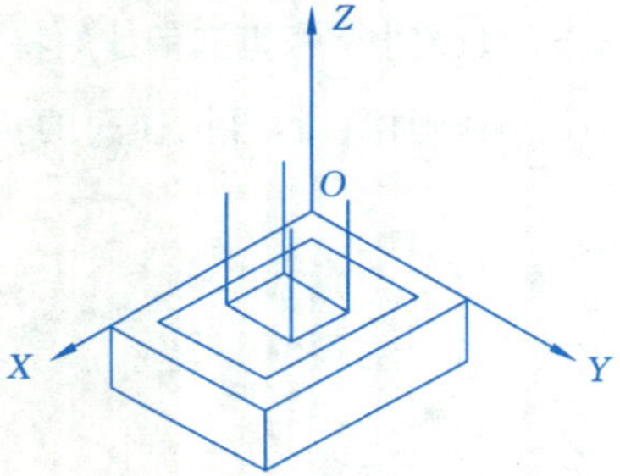

（6）以直线连接棱台顶面和底面的对应顶点，作出棱台侧棱，最后擦去不可见线及不需要的线，加深需要的图线，完成基础的正等测。

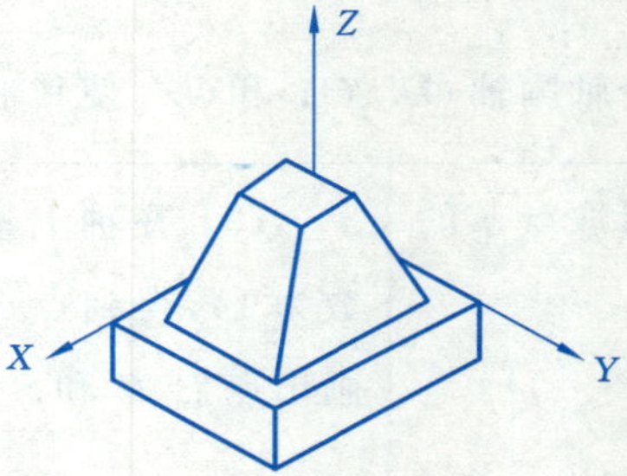

【例 6.3】 已知形体的正投影图，画出其正等测。

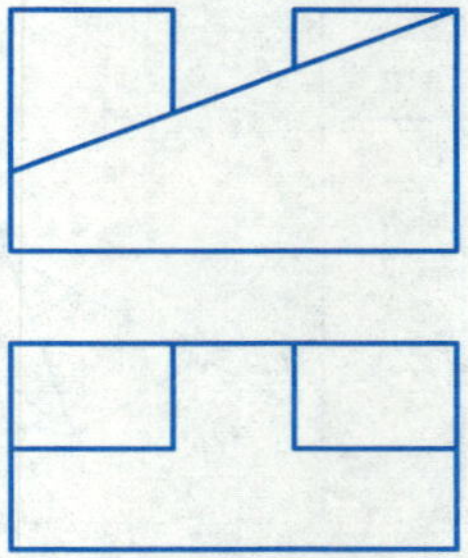

（1）形体分析。由正投影图可看出，该形体是由一个长方体被切去两块形体而形成。

（2）先根据长方体的长、宽、高画出长方体。

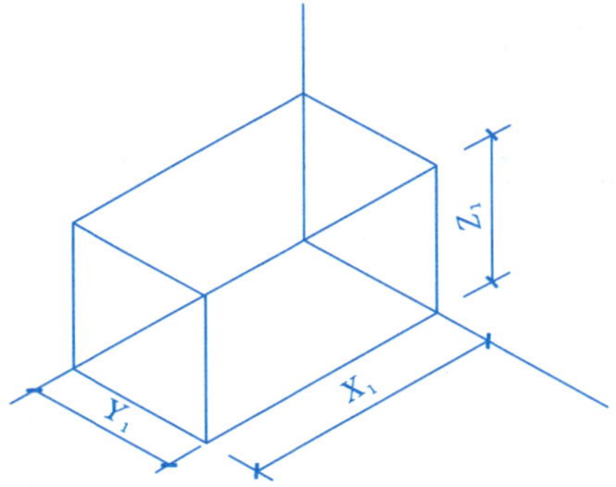

（3）先切割形体 A。

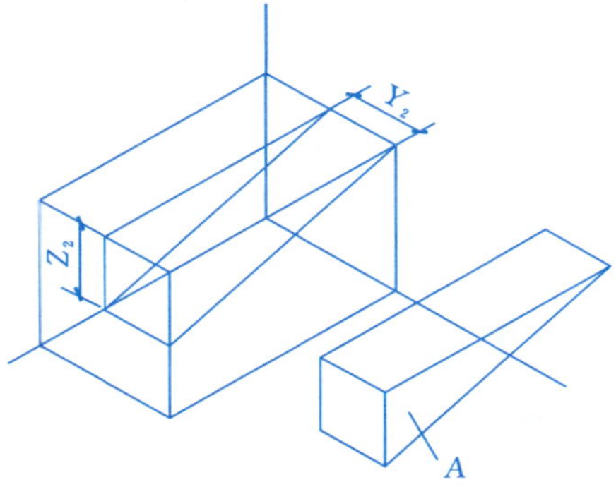

（4）再切割形体 B。

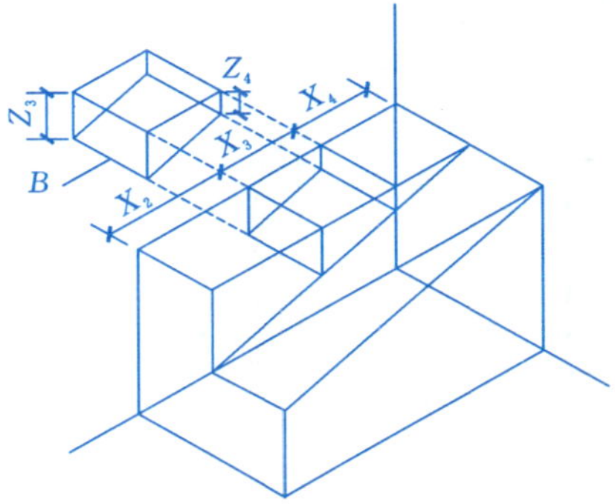

（5）擦去不可见线，加深图线，成型。

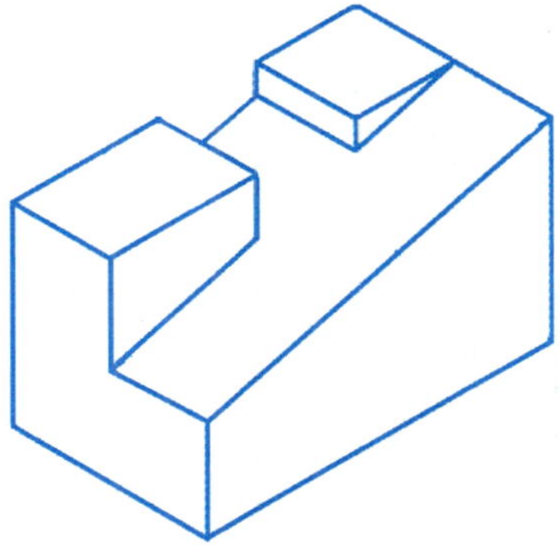

三、正轴测图习题(一)

1.

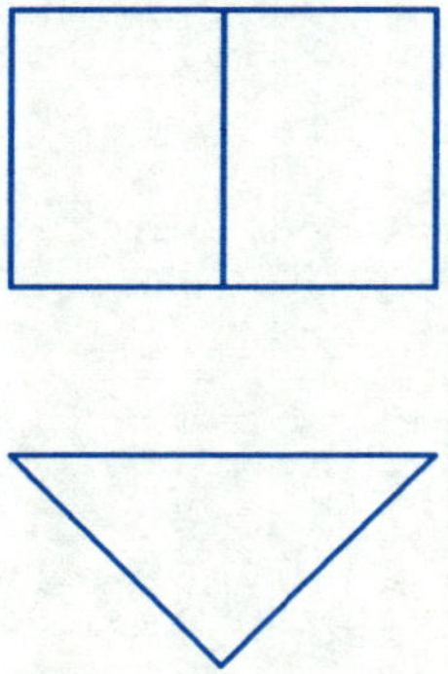

2.

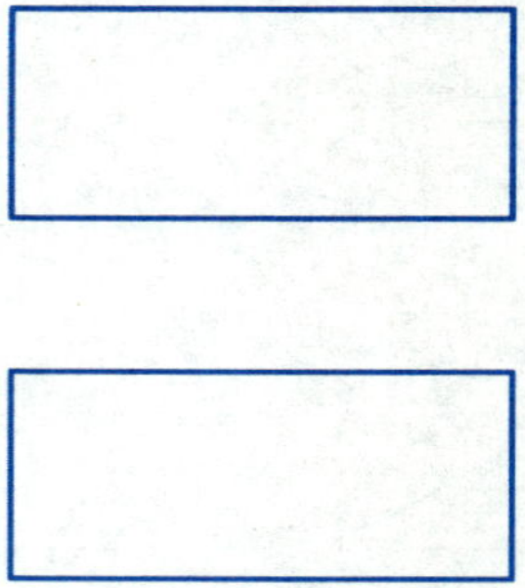

3.

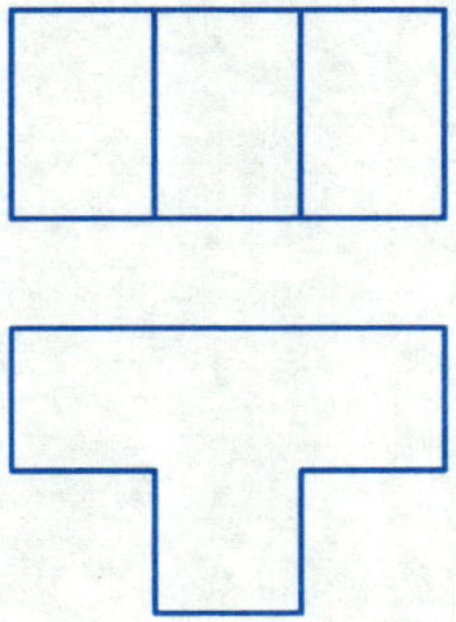

4.

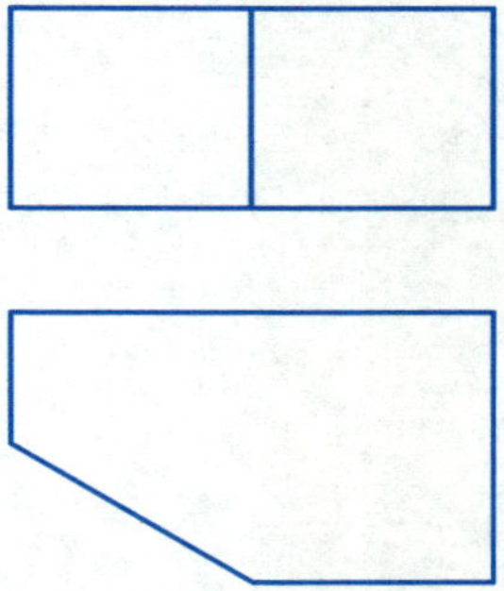

轴测图	班级		姓名		学号	

5.

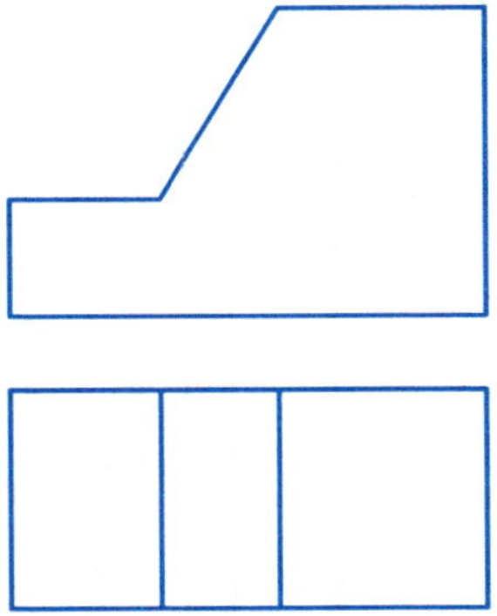

6.

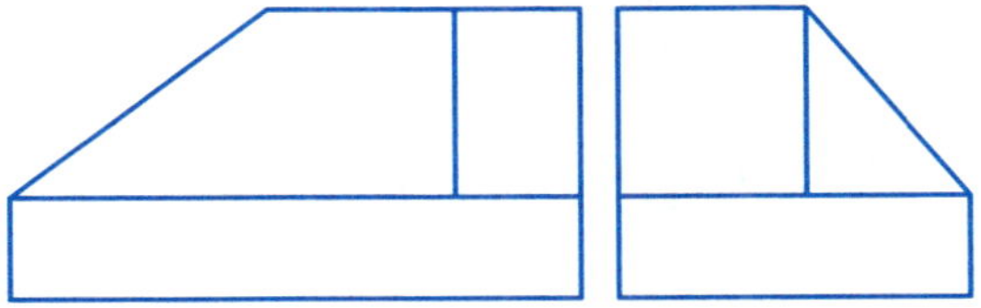

7.

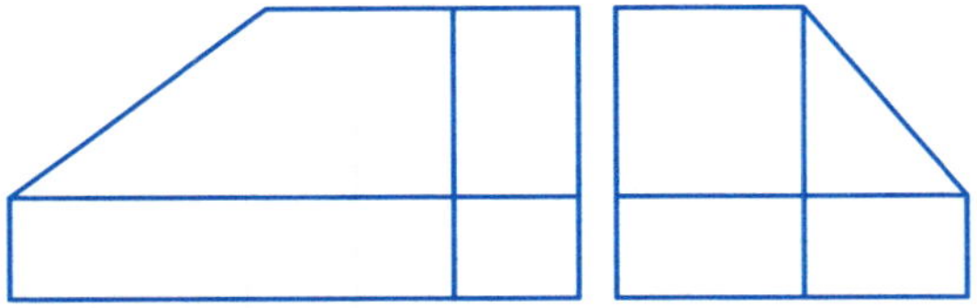

8.

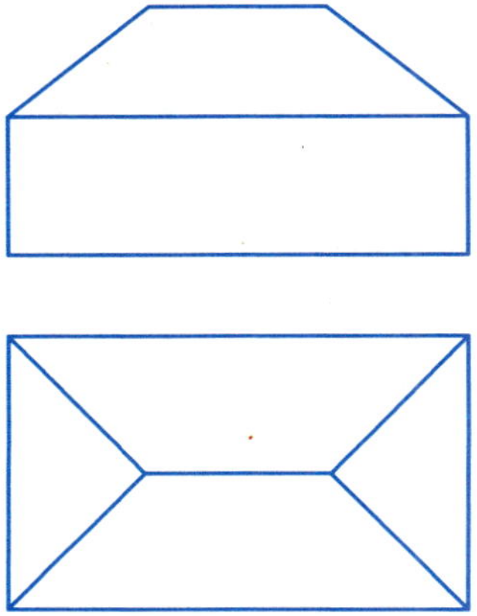

轴测图	班级		姓名		学号	

9.

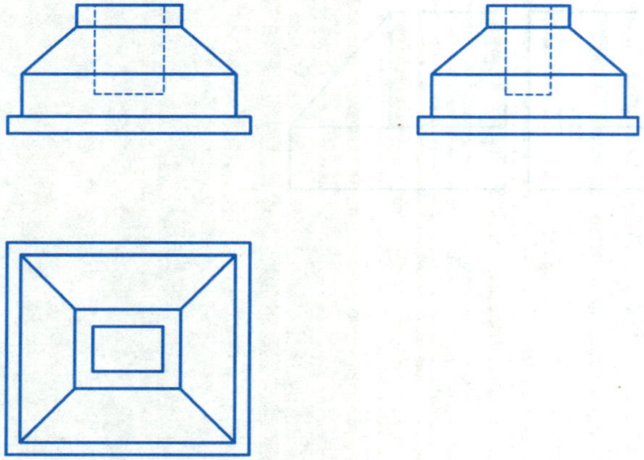

10.

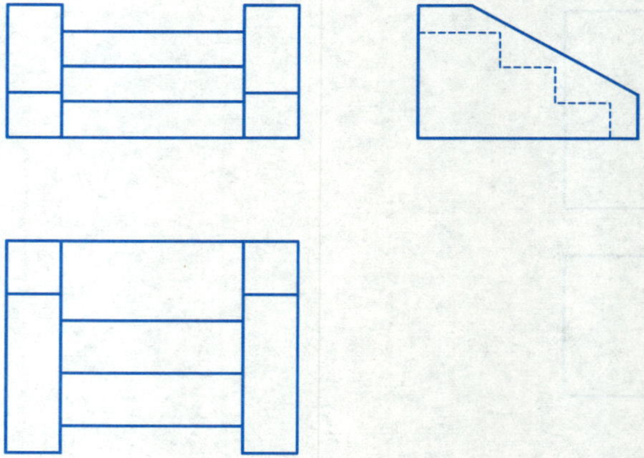

轴测图	班级		姓名		学号	

四、正轴测图习题(二)

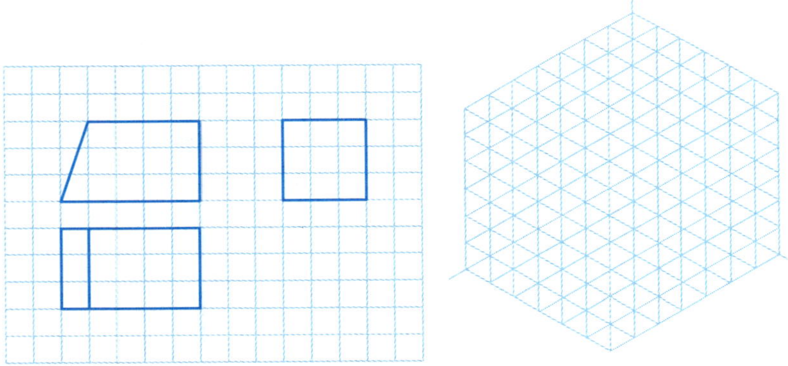

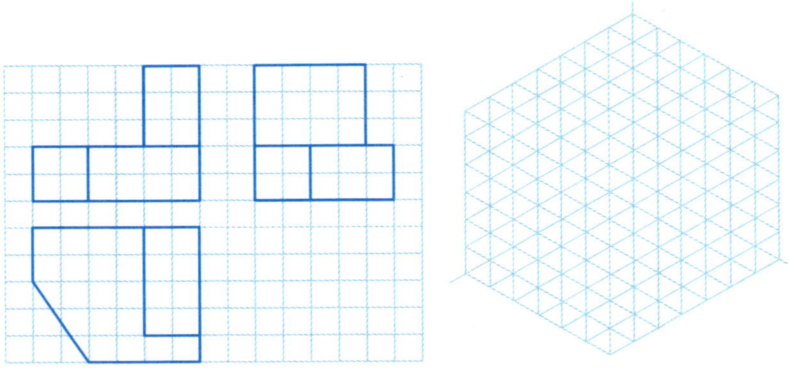

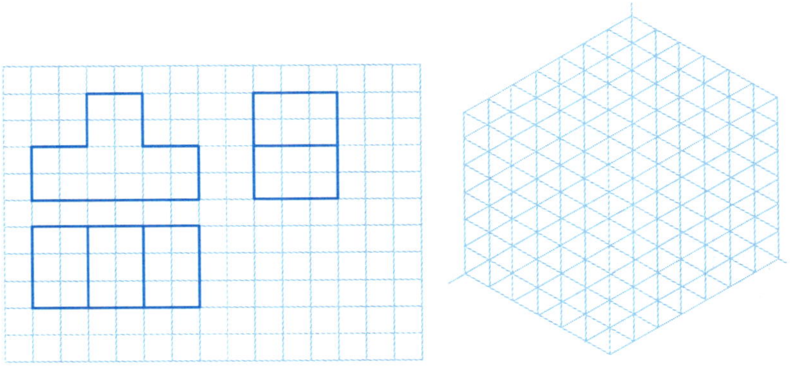

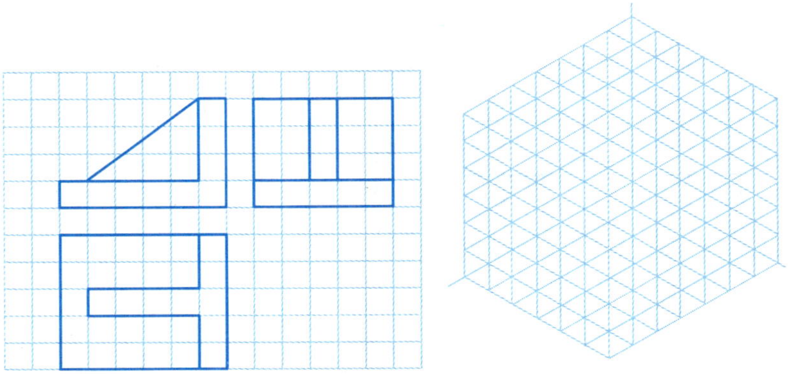

轴测图	班级		姓名		学号	

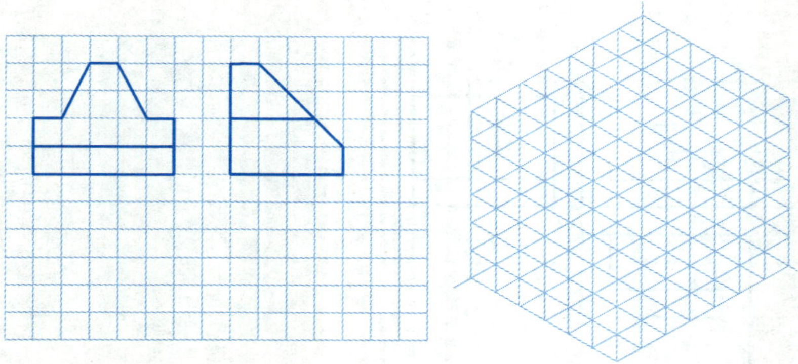

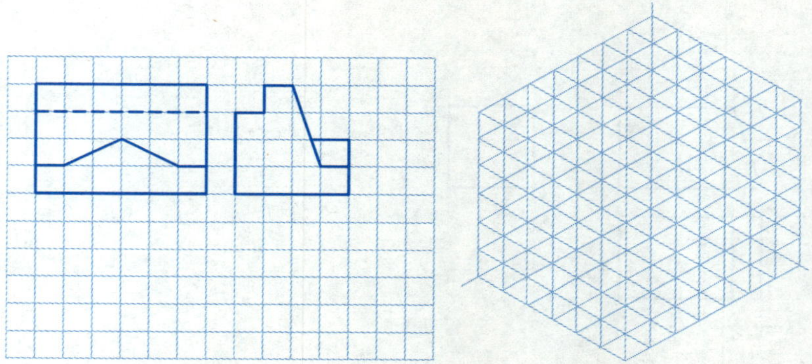

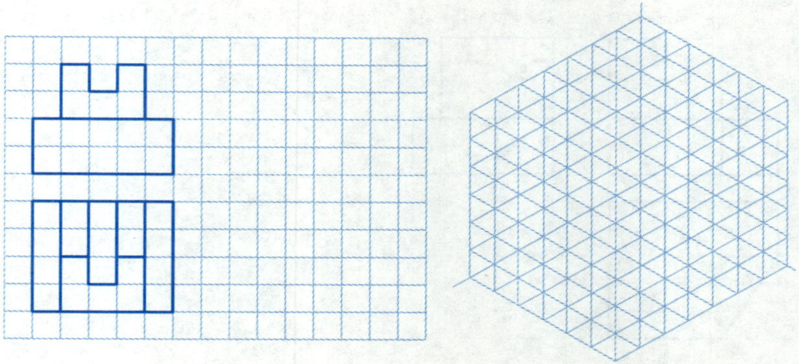

轴测图	班级		姓名		学号	

五、斜轴测图习题

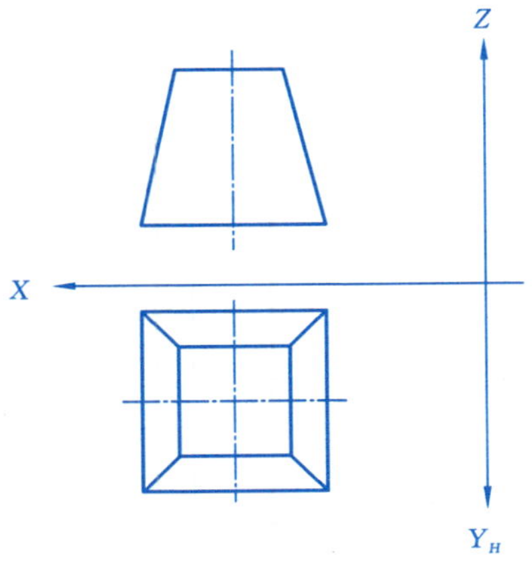

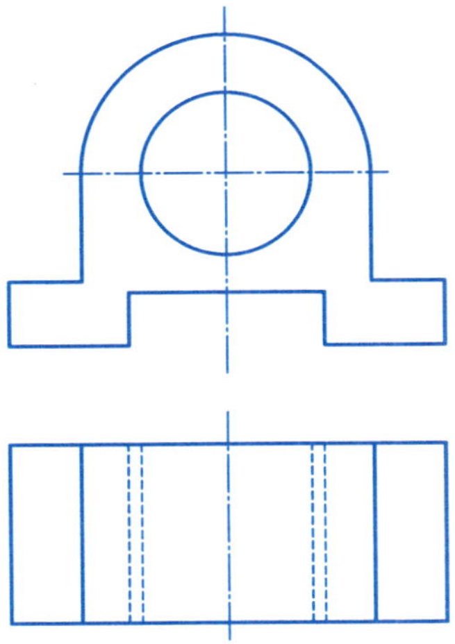

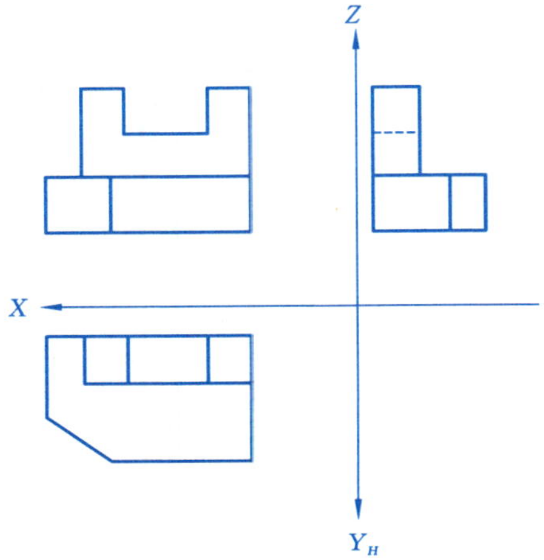

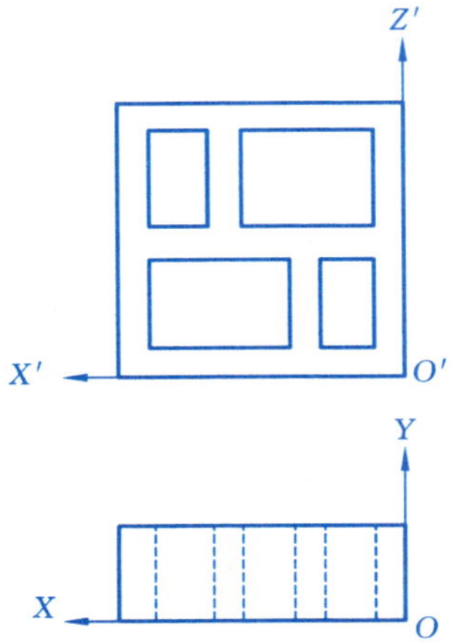

斜轴测图	班级		姓名		学号	

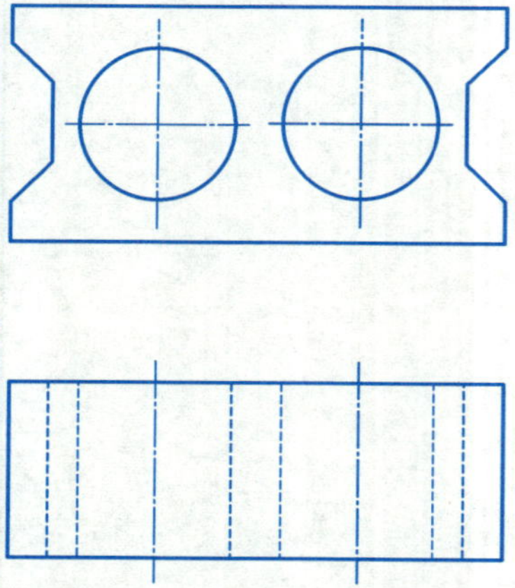

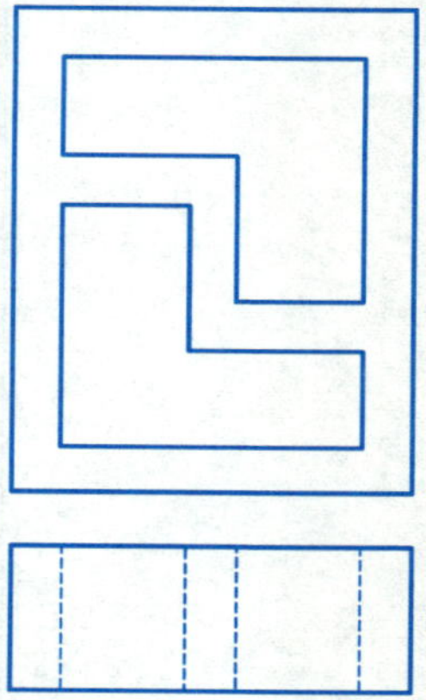

斜轴测图	班级		姓名		学号	

第七章　剖面图与断面图

一、知识梳理

（一）剖面图与断面概念

我们假想用一个垂直的平面，在物体内部构造比较复杂的部位从上向下进行垂直剖切，将这个垂直剖切面一侧的物体移走，作剩下部分的正投影所得到的投影图，叫作这个物体的剖面图或断面图。

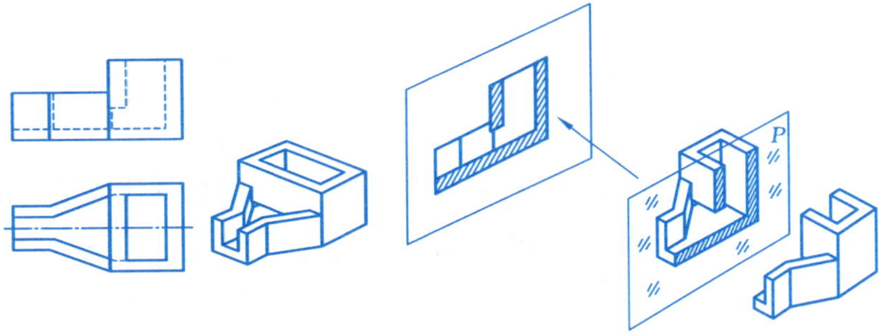

（a）体的剖切　　（b）剖面图

体的剖切与剖面图的形成

（二）剖面图与断面图的区别

剖面图除应画出剖切面切到部分的图形外，还应画出沿投射方向看到的部分，并规定被剖切面切到部分的轮廓线用粗实线绘制，其内部还要画上相应的材料图例。剖切面没有切到但沿投射方向可以看到的部分用中实线绘制；断面图则只需（用粗实线）画出剖切面切到部分的图形，其内部也要画上相应的材料图例。剖切面没有切到的只看到的部分不用绘制出来。

（三）剖面图的符号与种类

（1）剖面图的符号

剖切符号应由剖切位置线及投射方向线组成，均应以粗实线绘制。剖切位置线的长度宜为 6～10 mm；投射方向线应垂直于剖切位置线，长度应短于剖切位置线，宜为 4～6 mm。绘制时，剖切符号不应与其他图线相接触。同时，还应在投射方向线的端部注写编号，编号宜采用阿拉伯数字，按顺序由左至右、由下至上连续编排，编号将作为剖面图的图名。

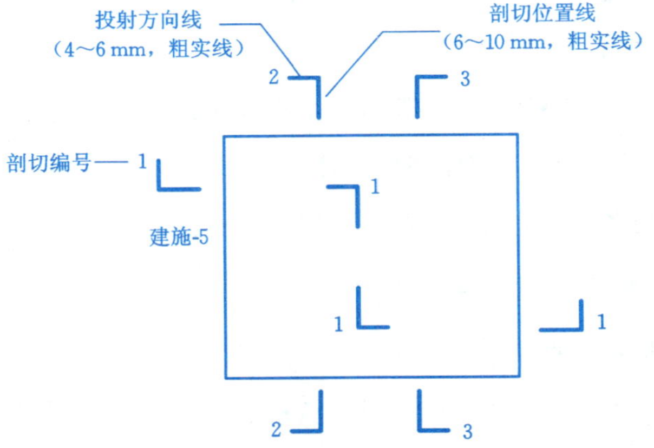

(2) 剖面图的种类

剖面图根据图形特点和所需要表达的图形内容，常有以下几种表达方式：全剖面图、半剖面图、阶梯剖面图、旋转剖面图、局部剖面图和分层局部剖面图等。

① 全剖面图：将整个图形进行剖切后得到的剖面图。

② 半剖面图：多用在有对称特点的图形中，并在图中要标注对称符号。这种画法既可以反映立面图又可以反映剖面图。

③ 阶梯剖面图：阶梯剖切的目的是在同一张图中多表达一些不同剖切位置的剖面内容。阶梯转角部位也要画粗实线，以表达转角处的剖切位置。

④ 局部剖面：当一个物体剖开后的内容均相同时，只画出一个局部的图形即可。

⑤ 分层局部剖面：当想表达一个物体由内向外的各个层次做法时，通常采用分层局部剖面图的画法。分层剖切的剖面图应按层次以波浪线将各层隔开，波浪线不应与任何图线重合。

(四) 断面图的符号与种类

(1) 断面图的符号

断面图在哪个部位进行剖切，就应在哪个部位画出剖切符号。断面图的剖切符号应只用剖切位置线表示，并应以粗实线绘制，长度宜为 6～10 mm。其编号宜采用阿拉伯数字，按顺序连续编排，并应注写在剖切位置线的一侧；编号所在的一侧应为该断面的剖视方向(即投射方向)，如下图所示。1—1 表示将部分图形切开后向左侧看。2—2 表示将部分图形左右切开后向数字 2 这一侧看。

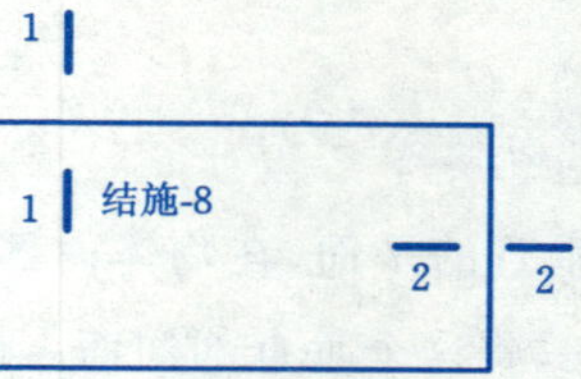

断面图的剖切符号

(2) 断面图的种类

① 移出断面图

移出断面图多用在细部构造节点图上。杆件的断面图可绘制在靠近杆件的一侧或端部处并按顺序依次排列。

② 重合断面图

重合断面图是将断面图画在与之对应的立面图或平面图上，这样能使看图的人看到此处剖切后断面的图形，从而帮助理解被画图形的含义。

二、剖面图、断面图例题

【例 7.1】 绘制全剖面投影示意图。

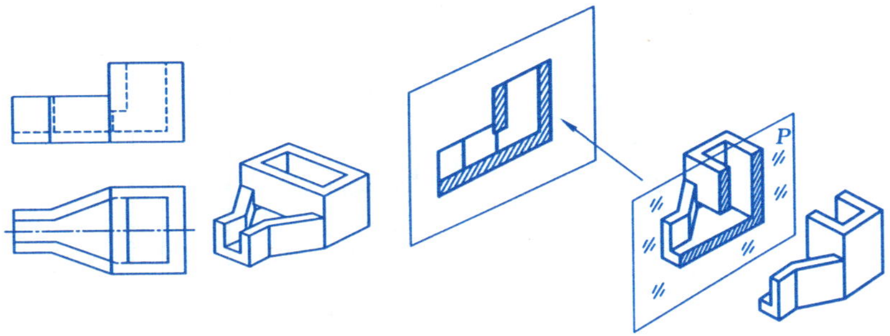

【例 7.2】 绘制剖面图、断面图示意图。

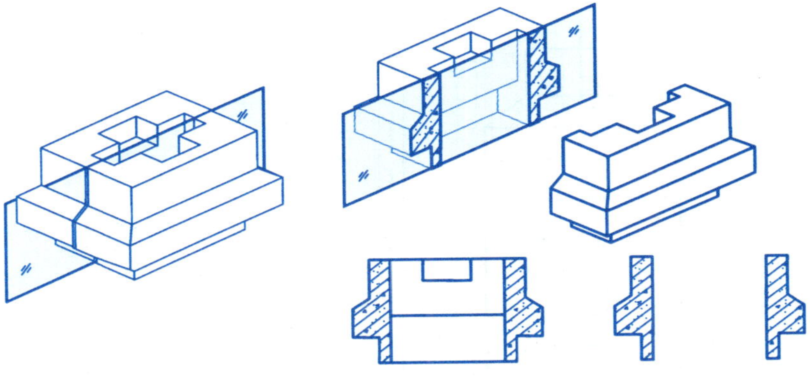

（a）直观图　（b）剖面图　（c）断面图

【例 7.3】 绘制三视图、剖面图示意图。

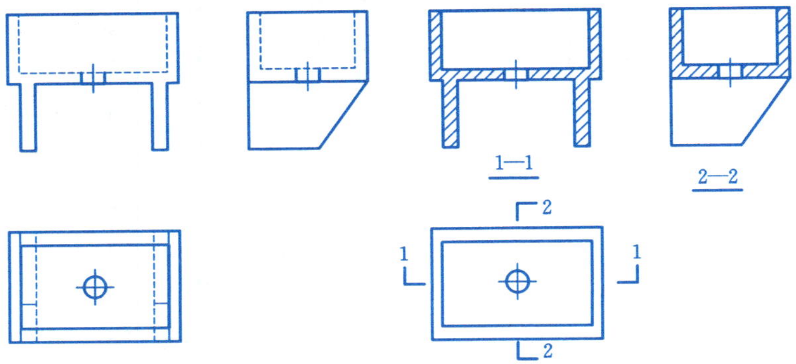

（a）三视图　（b）剖面图

【例 7.4】 绘制房屋剖面图。

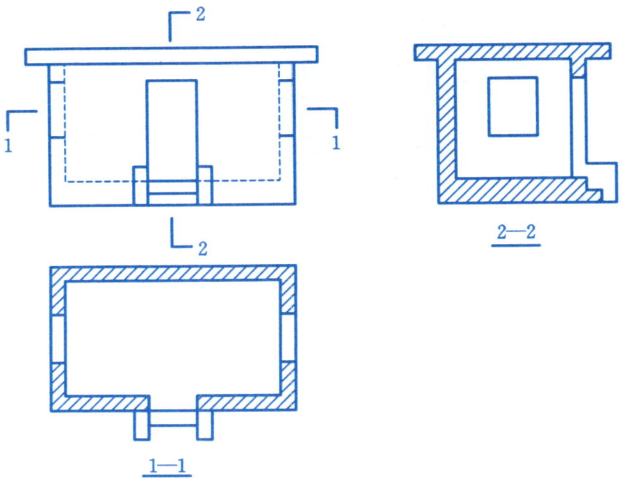

【例 7.5】 绘制全剖面投影示意图。

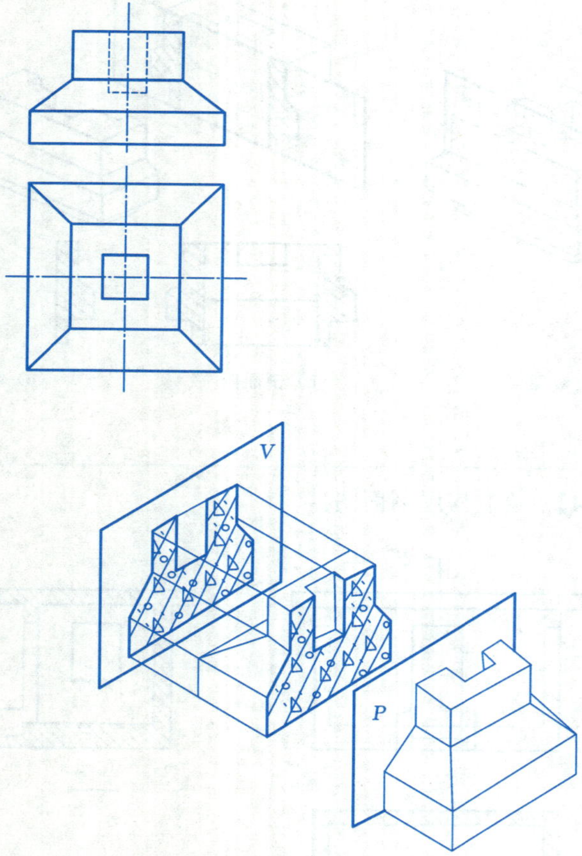

【例 7.6】 绘制断面图示意图。

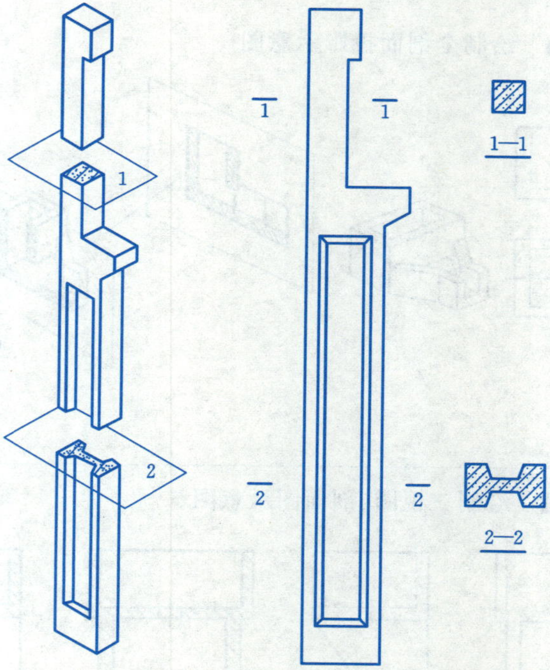

【例 7.7】 绘制半剖投影图示意图。

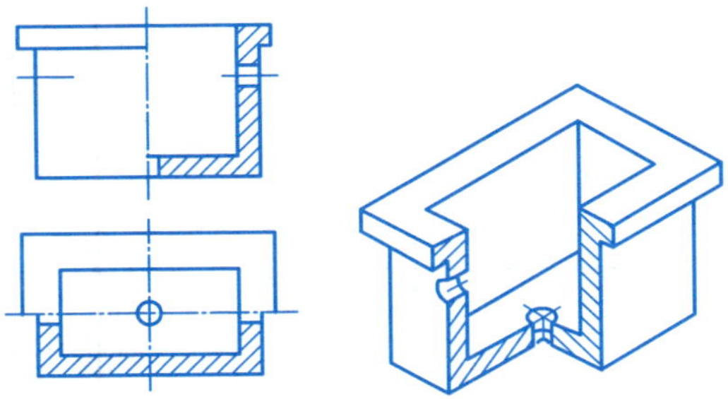

【例 7.8】 绘制阶梯剖面图示意图。

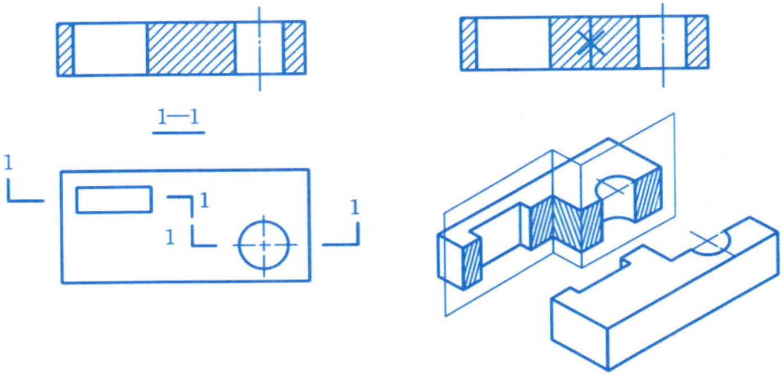

【例 7.9】 绘制断面图示意图。

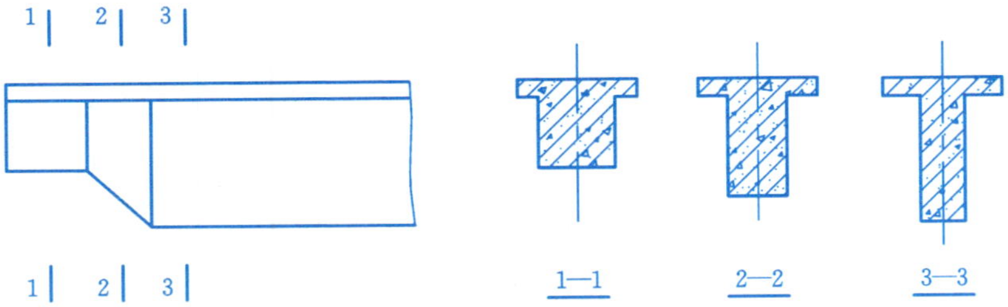

【例 7.10】 绘制断面图示意图。

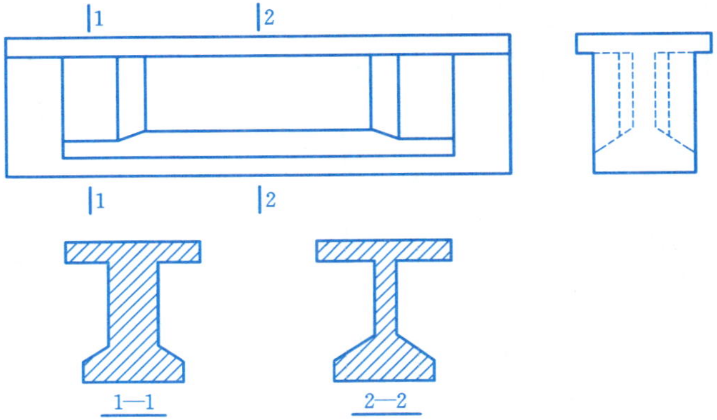

三、剖面图与断面图习题

1. 绘制台阶 1—1 剖面图。

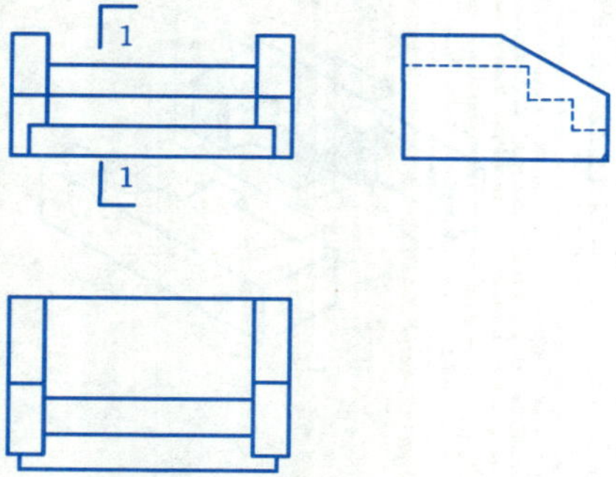

2. 绘制半剖投影图。

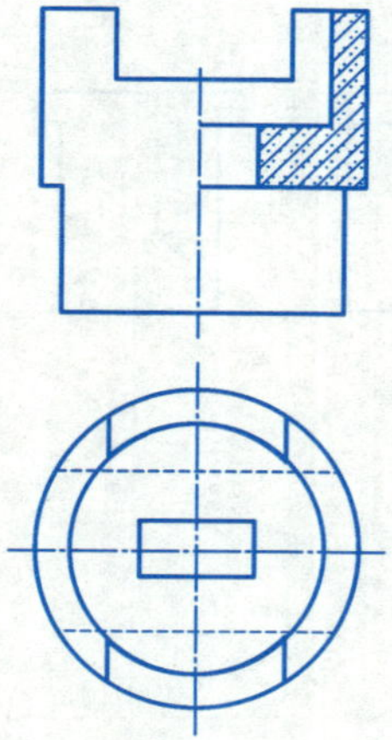

3. 绘制洗手台 1—1、2—2 全剖面图。

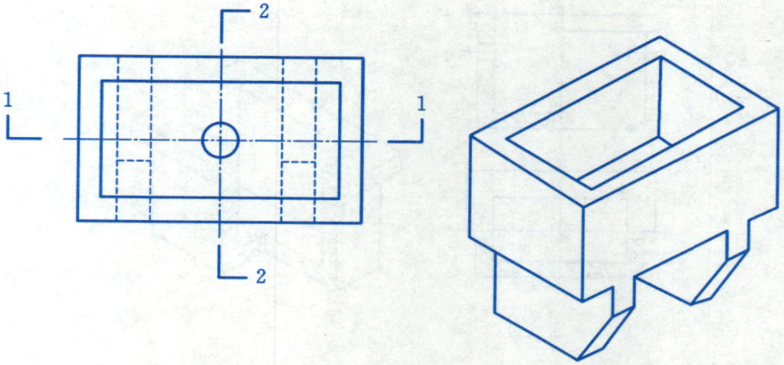

剖面图	班级		姓名		学号	

4. 判断全剖面投影示意图的正误，并改正。

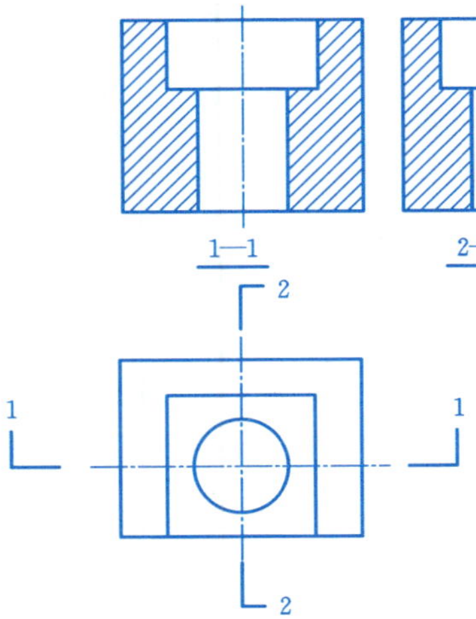

5. 绘制花格窗砖 1—1 全剖投影图。

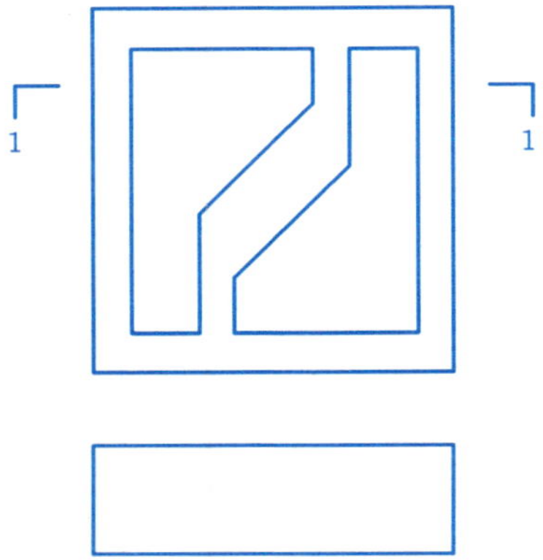

6. 绘制 1—1 剖面和 2—2、3—3 断面投影图。

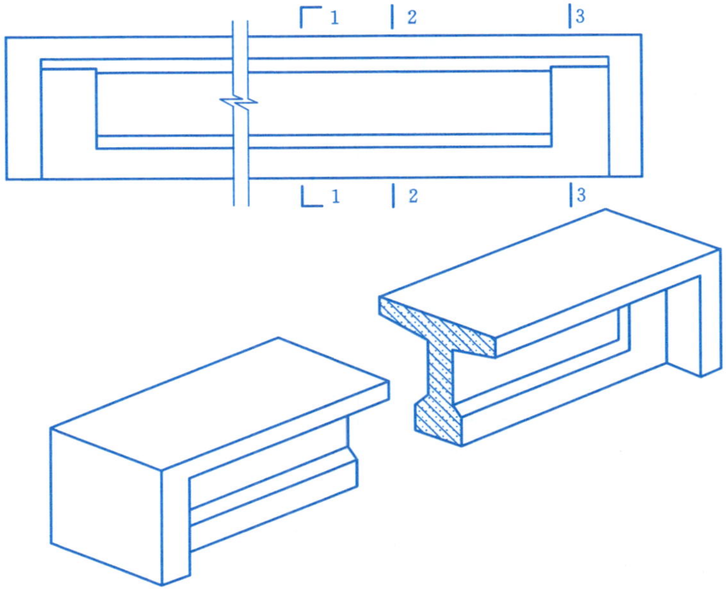

剖面图	班级		姓名		学号	

7. 画出 1—1、2—2、3—3 断面投影图。

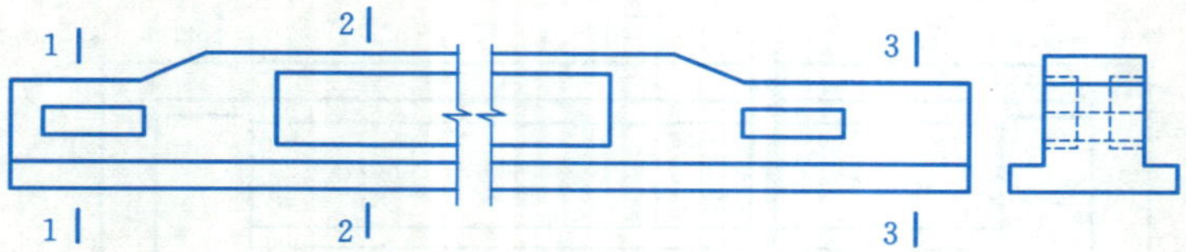

8. 画出 1—1、2—2 断面投影图。

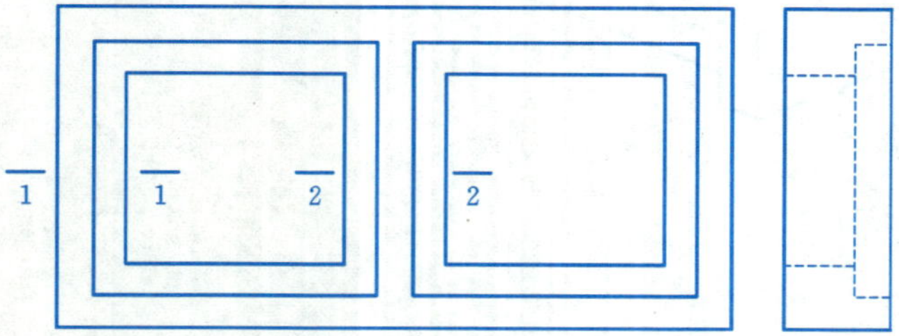

断面图	班级		姓名		学号	

9. 画出 1—1、2—2 断面投影图。

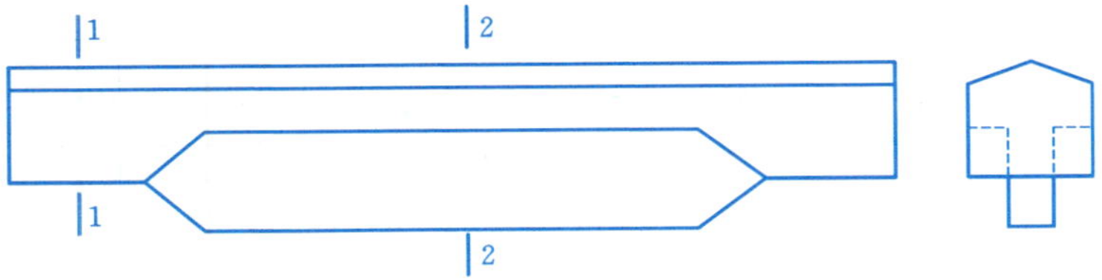

10. 画出下面形体的移出断面图，宽度自图中量取。

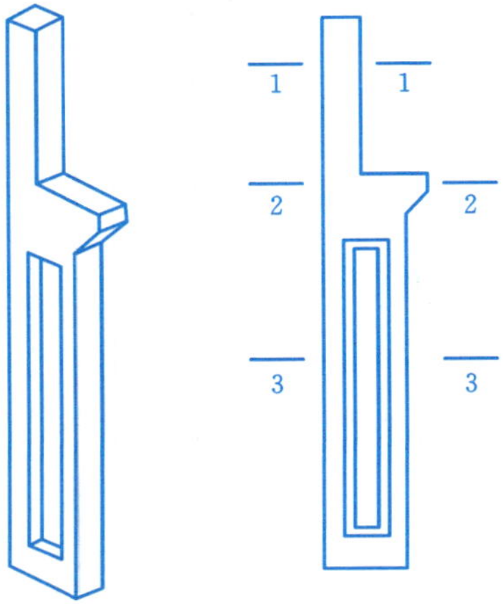

断面图	班级		姓名		学号	

第八章　建筑施工图绘制

一、建筑施工图手绘作图步骤

（1）确定采用图纸的大小

建筑制图标准中可供绘图的图幅包括：A0、A1、A2、A3、A4 几种，在画图之前第一步是根据图的大小来确定所选用的图纸的大小（即图幅的大小），学生绘图所选用的图纸一般为 A2 或 A3。计算方法如下，我们例图中建筑物的实际长度为长 30480 mm，宽 16080 mm，比例为 1∶100，那么经换算：

$$30480\times\frac{1}{100}=304\ \text{mm}\qquad(\text{建筑物长的图上尺寸})$$

$$16080\times\frac{1}{100}=160\ \text{mm}\qquad(\text{建筑物宽的图上尺寸})$$

再与 A2、A3 图纸的大小相比较，确定合适的图纸，并根据此建筑物的特点，我们选用横式图幅。

（2）画出图框及标题栏

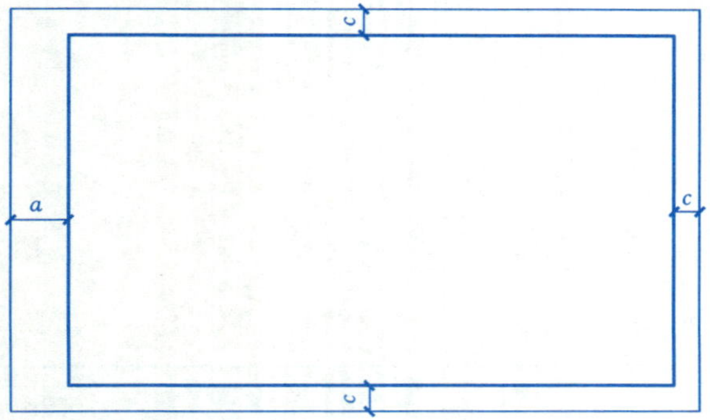

按照建筑制图国家标准可知：$a=25$，$c=5$（或 10）

边距	幅面				
	A0	A1	A2	A3	A4
c/mm	10	10	10	5	5
a/mm	25				

标题栏采用通栏的形式，画在图框的最下方，格式如下：

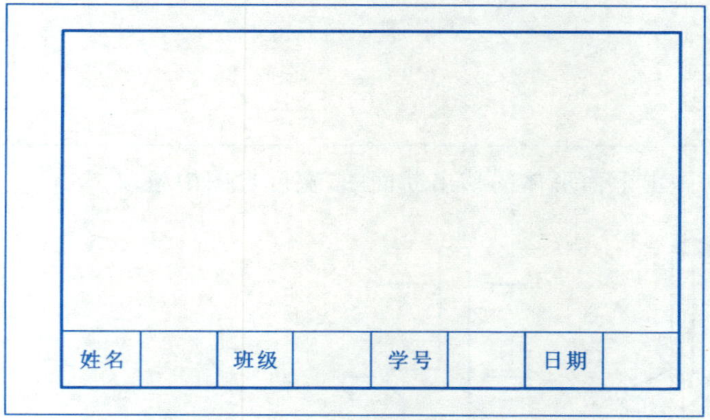

（3）分别完成定位轴线、墙体、楼梯、门窗等的绘制。

二、作图任务

1. 在 A3 图纸上抄绘建筑首层平面图。

要求：(1) 绘图比例 1∶100；

(2) 线型标准，图面工整、清晰；

(3) 尺寸量取准确，标注完整。

2. 在 A3 图纸上抄绘⑨～①立面图。

要求：(1) 绘图比例 1∶100；

(2) 线型标准，图面工整、清晰；

(3) 尺寸量取准确，标注完整。

3. 在 A3 图纸上完成一层平面图中的 1—1 剖面图。

要求：(1) 绘图比例 1∶100；

(2) 视图方向正确，内容完整；

(3) 线型标准，图面工整、清晰；

(4) 尺寸量取准确，标注完整。

4. 认真识读楼梯平面布置图，在 A3 图纸上完成楼梯剖面图。

要求：(1) 绘图比例 1∶100；

(2) 视图方向正确，内容完整；

(3) 线型标准，图面工整、清晰；

(4) 尺寸量取准确，标注完整。

5. 根据节点详图，在 A3 图纸上完成墙身大样详图。

要求：(1) 绘图比例 1∶50；

(2) 视图方向正确，内容完整；

(3) 线型标准，图面工整、清晰；

(4) 尺寸量取准确，标注完整。

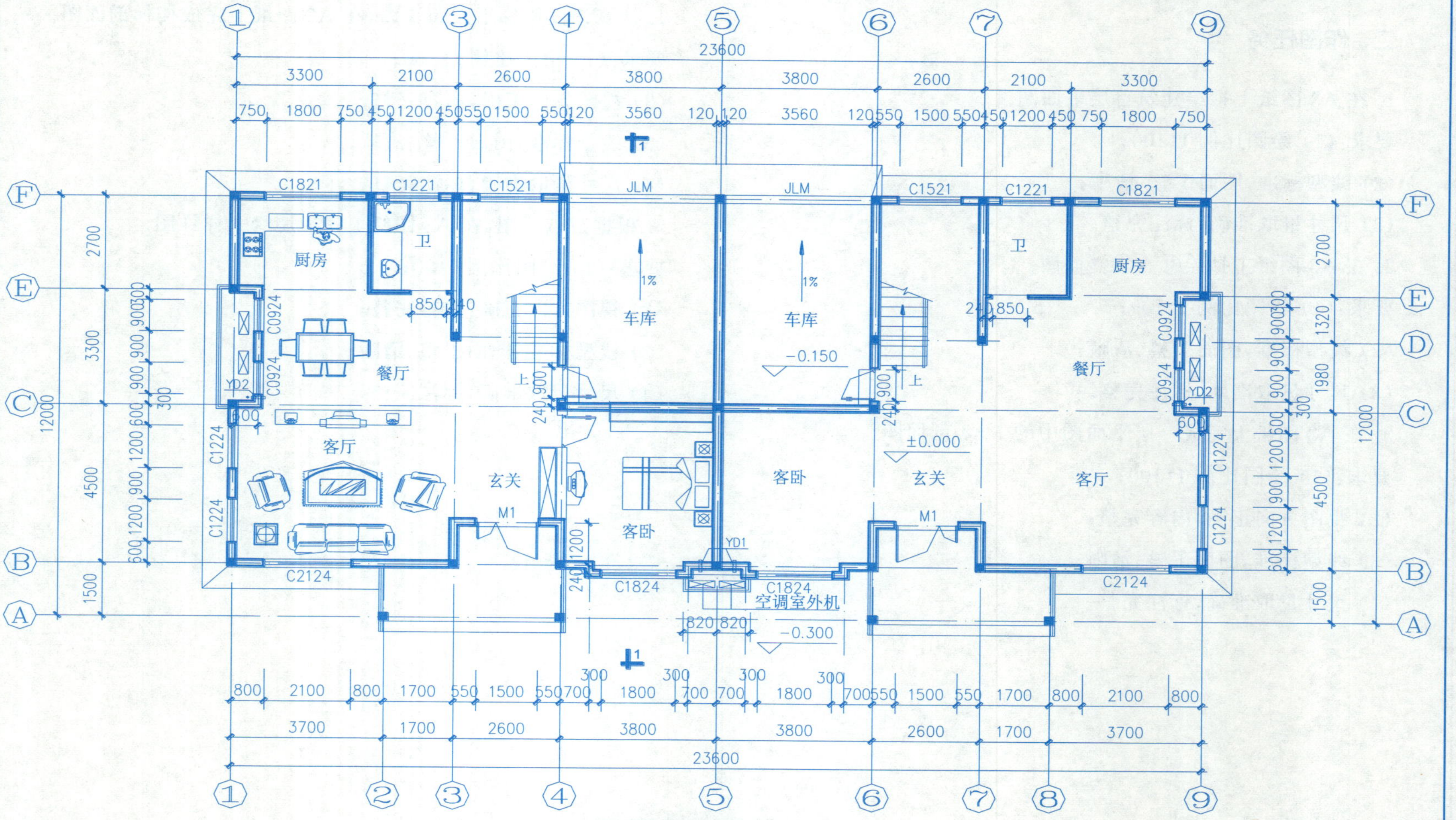

一层平面图

建筑一层平面图	班级		姓名		学号	

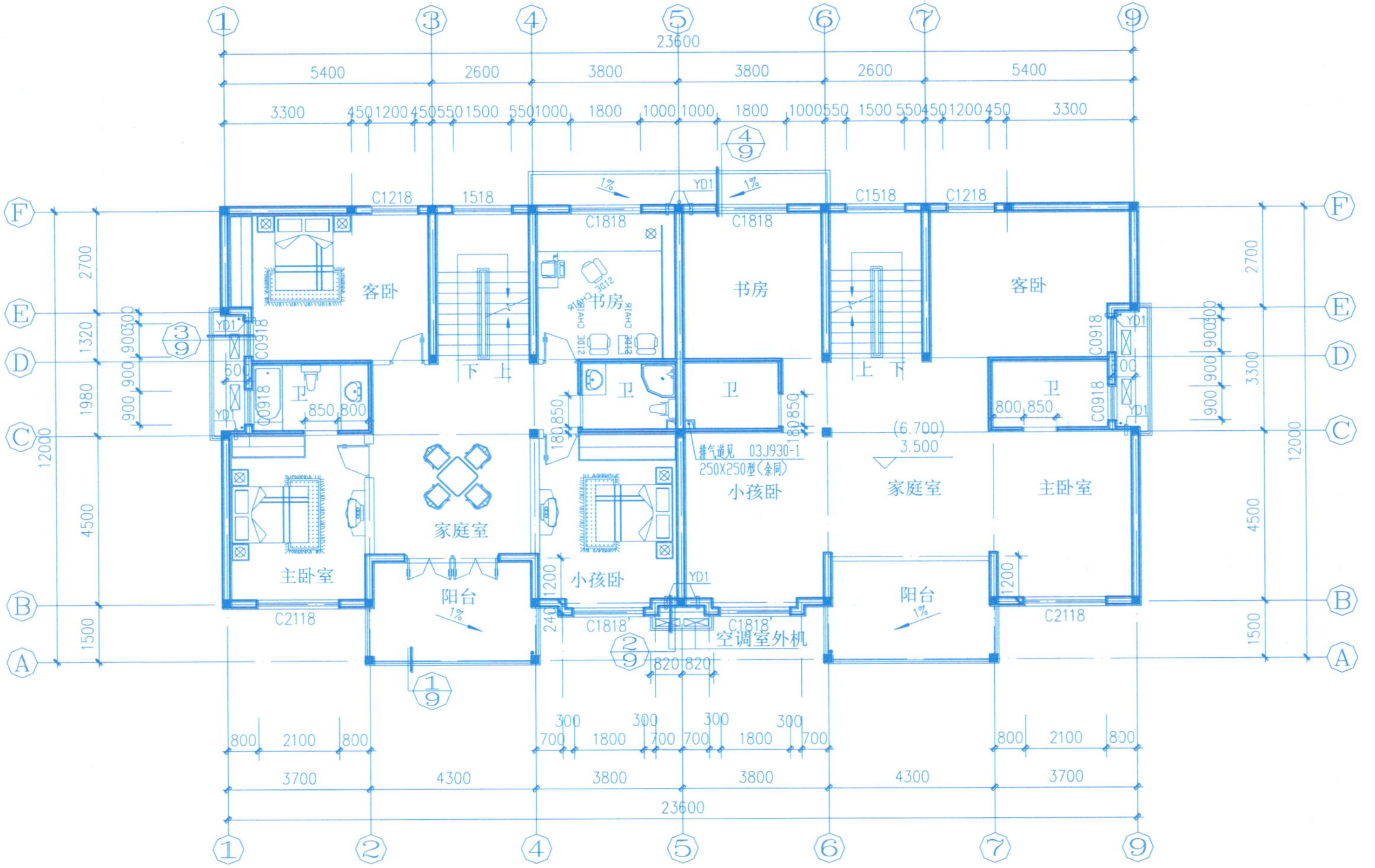

二三层平面图

建筑二、三层平面图	班级		姓名		学号	

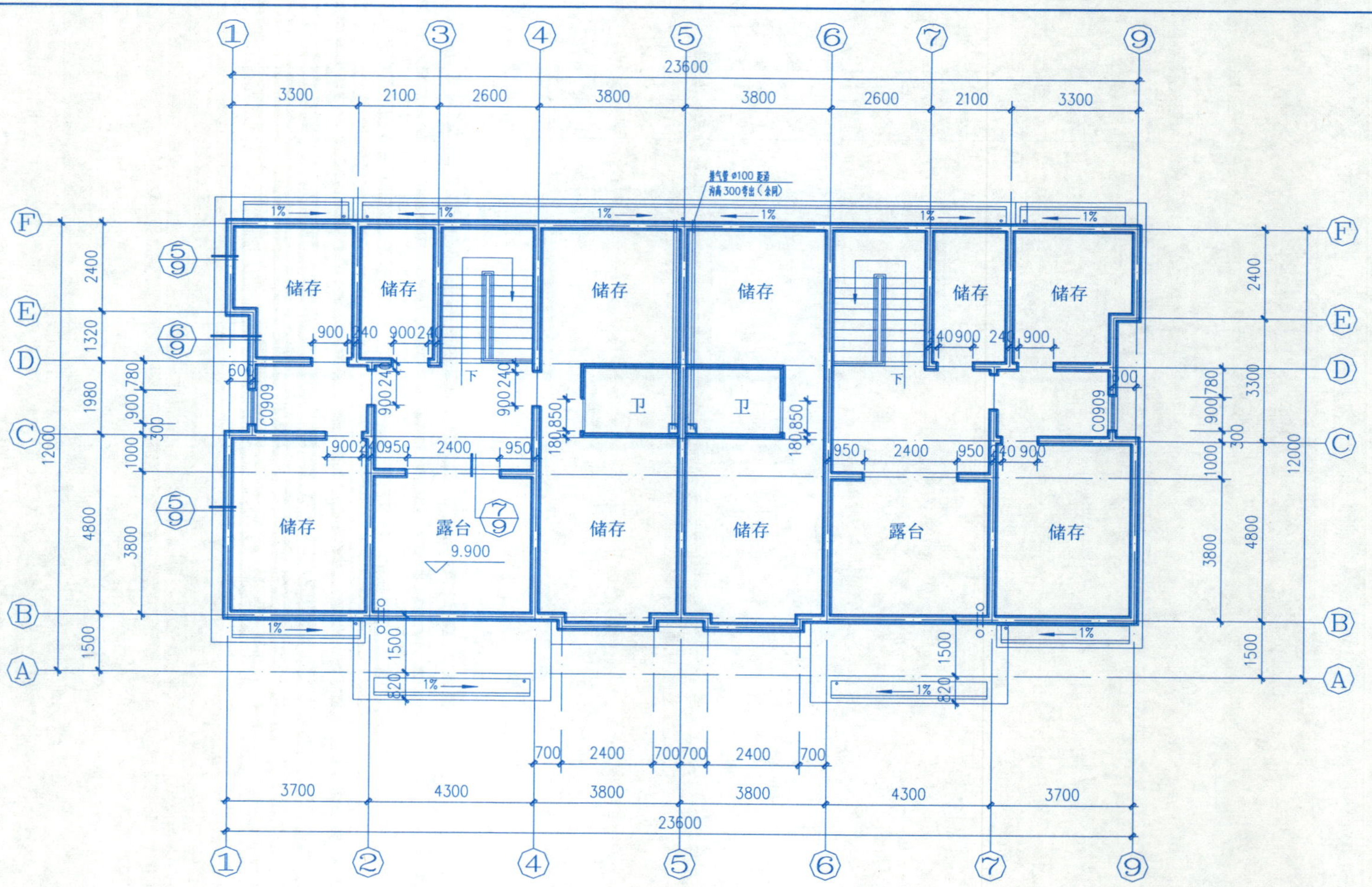

阁楼层平面图

建筑阁楼层平面图	班级		姓名		学号	

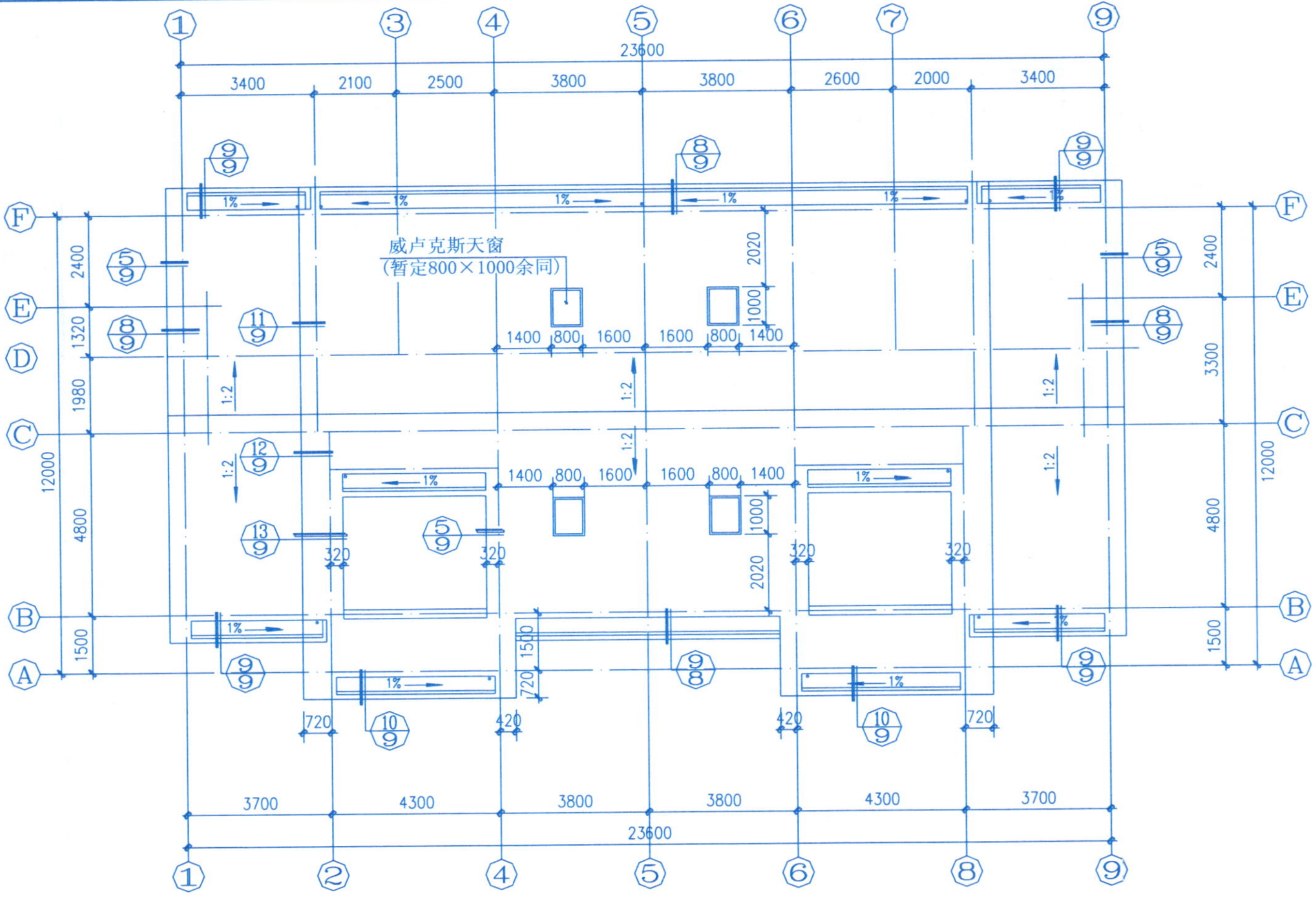

屋顶层平面图

建筑屋顶层平面图	班级		姓名		学号	

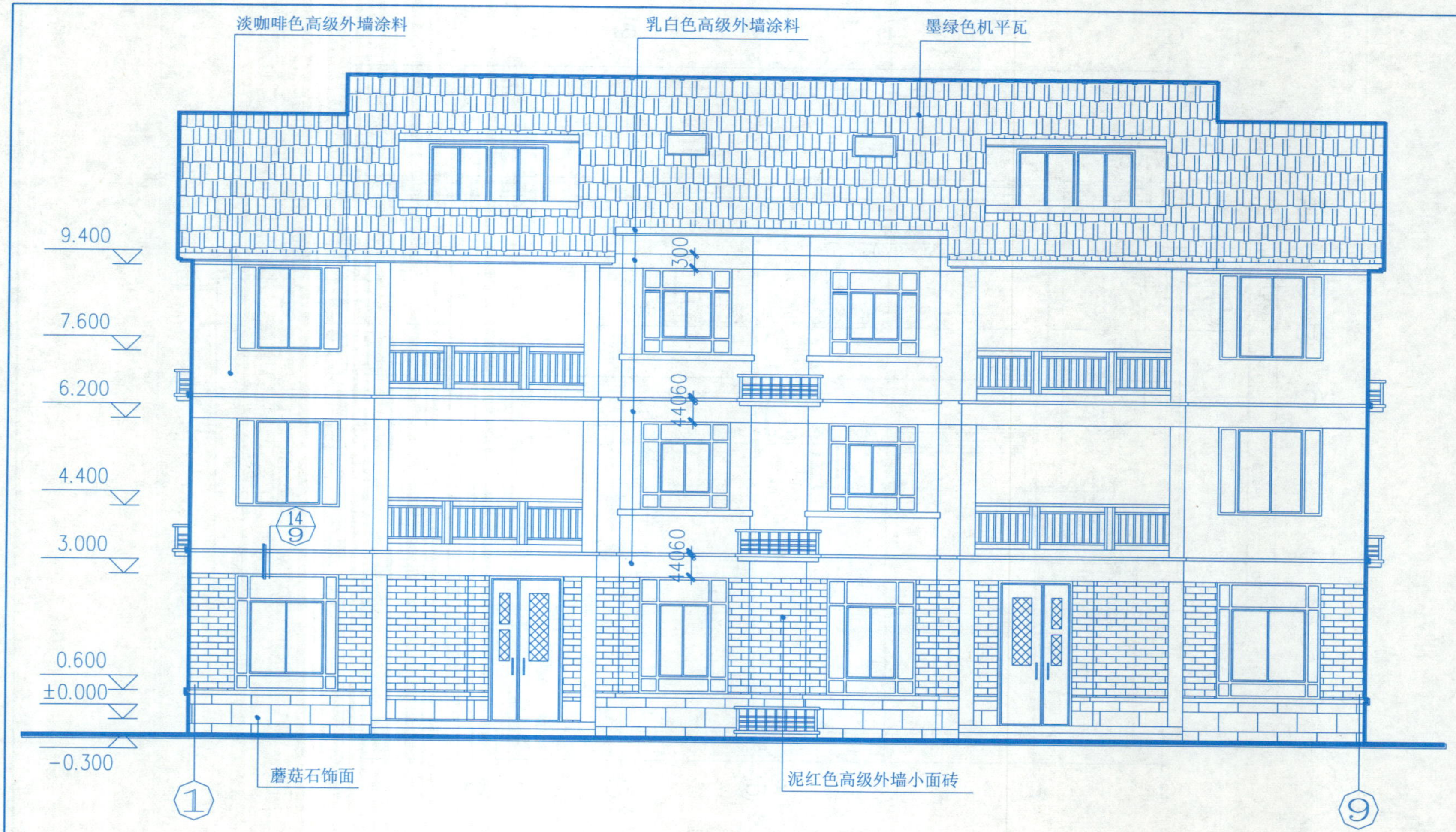

①～⑨立面图

①～⑨立面图	班级		姓名		学号		

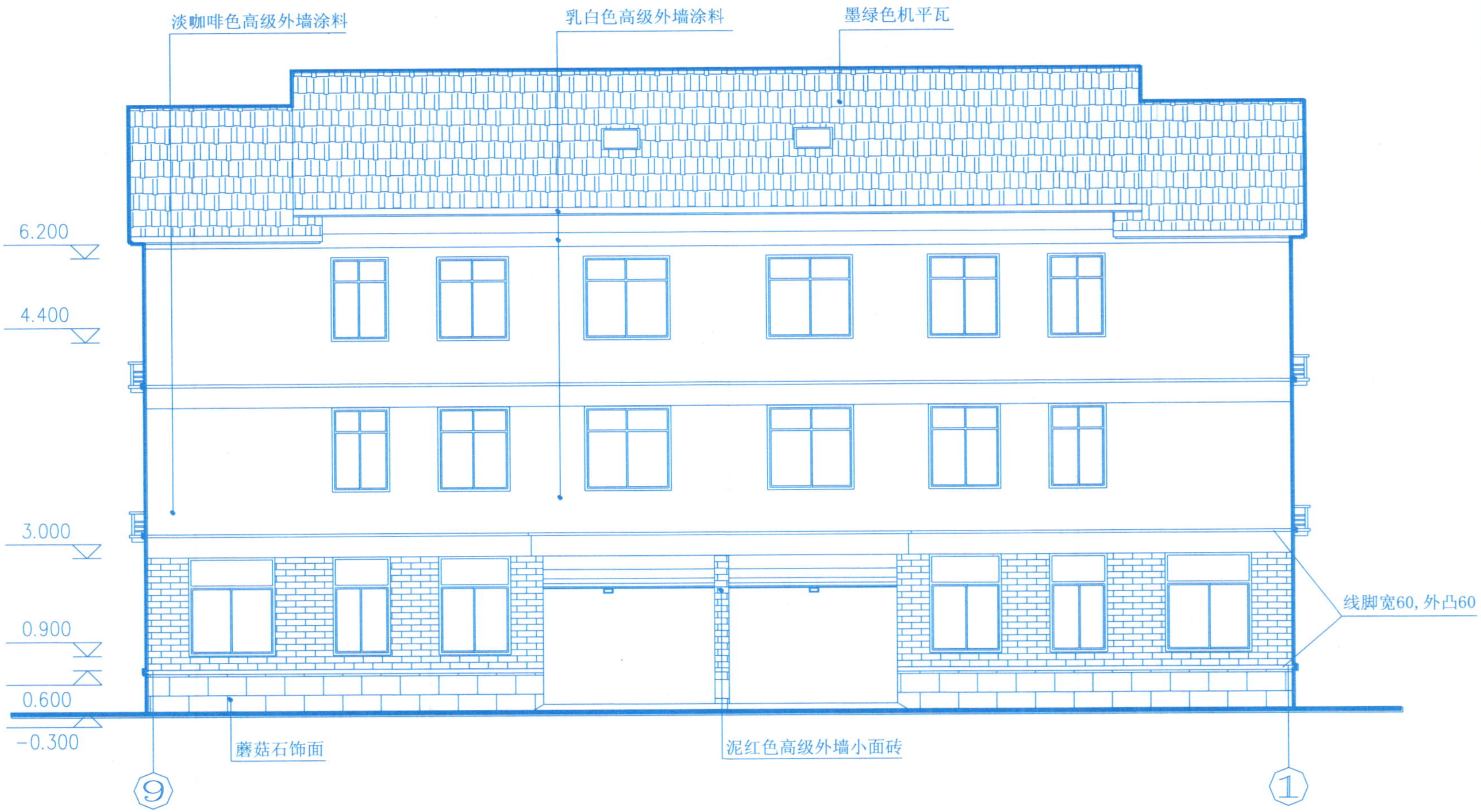

⑨～①立面图

⑨～①立面图	班级		姓名		学号	

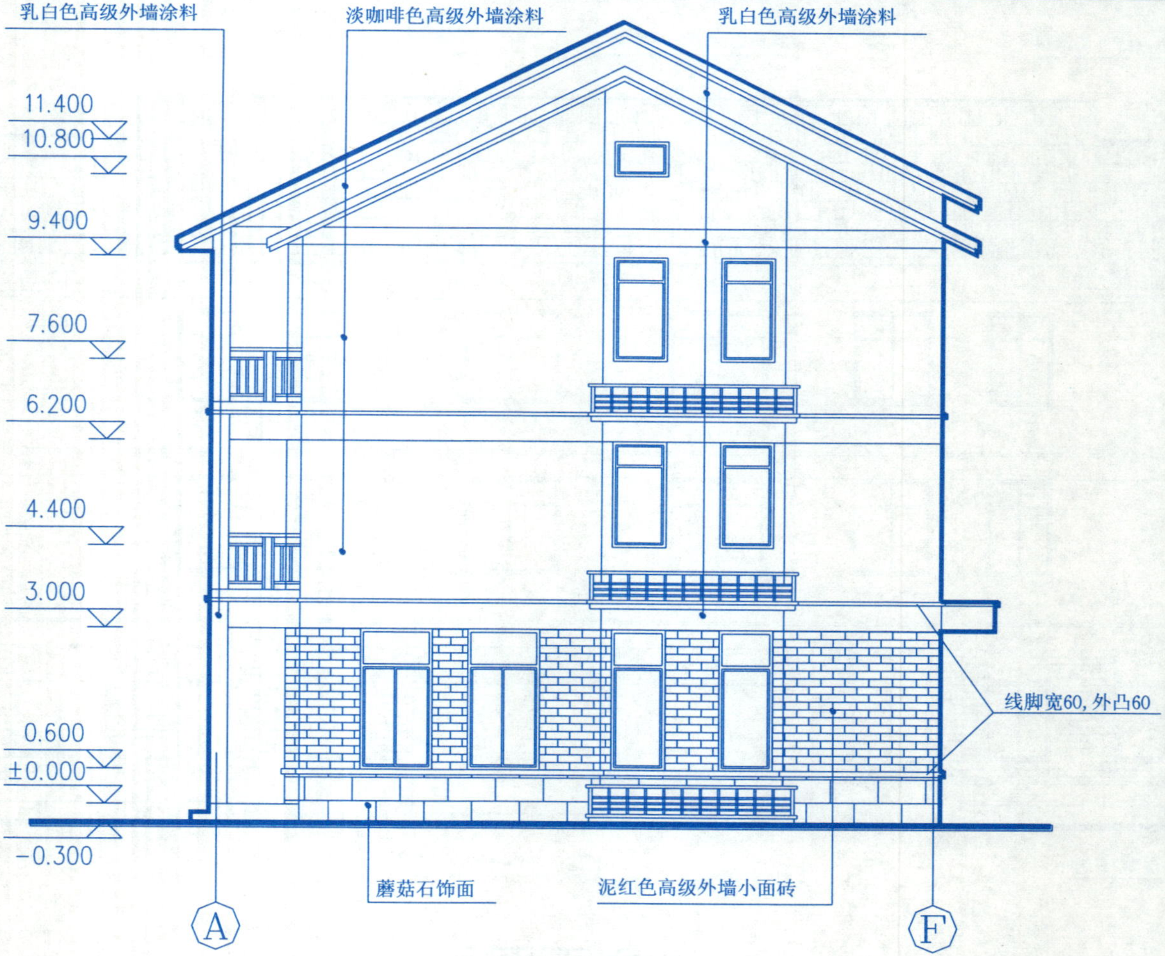

侧立面

建筑侧立面图	班级		姓名		学号	

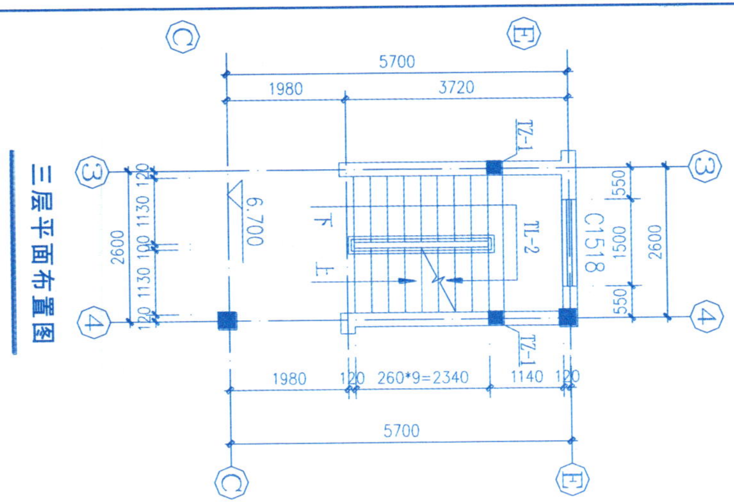

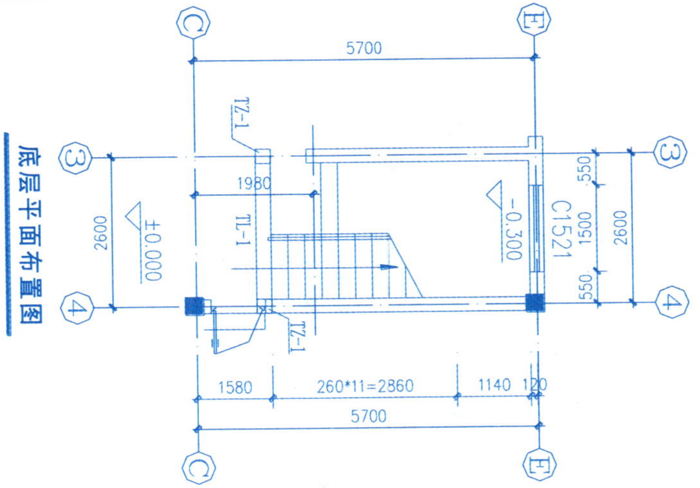

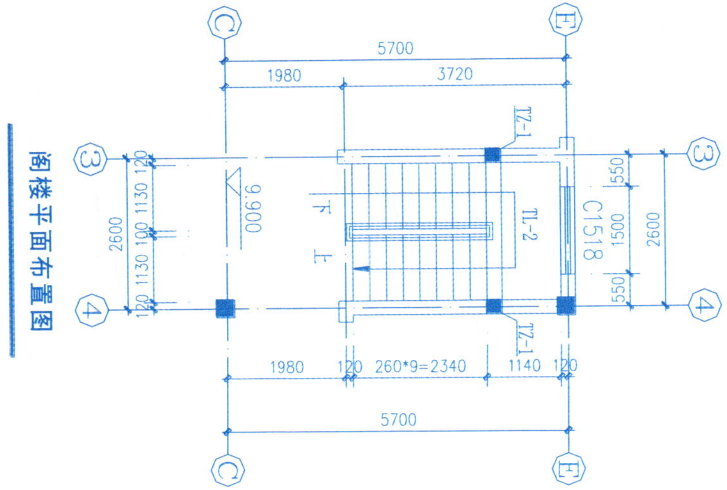

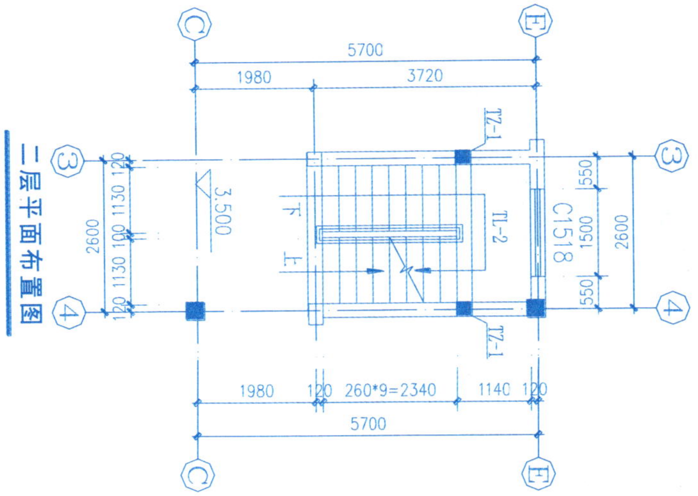

楼梯平面布置图	班级		姓名		学号		

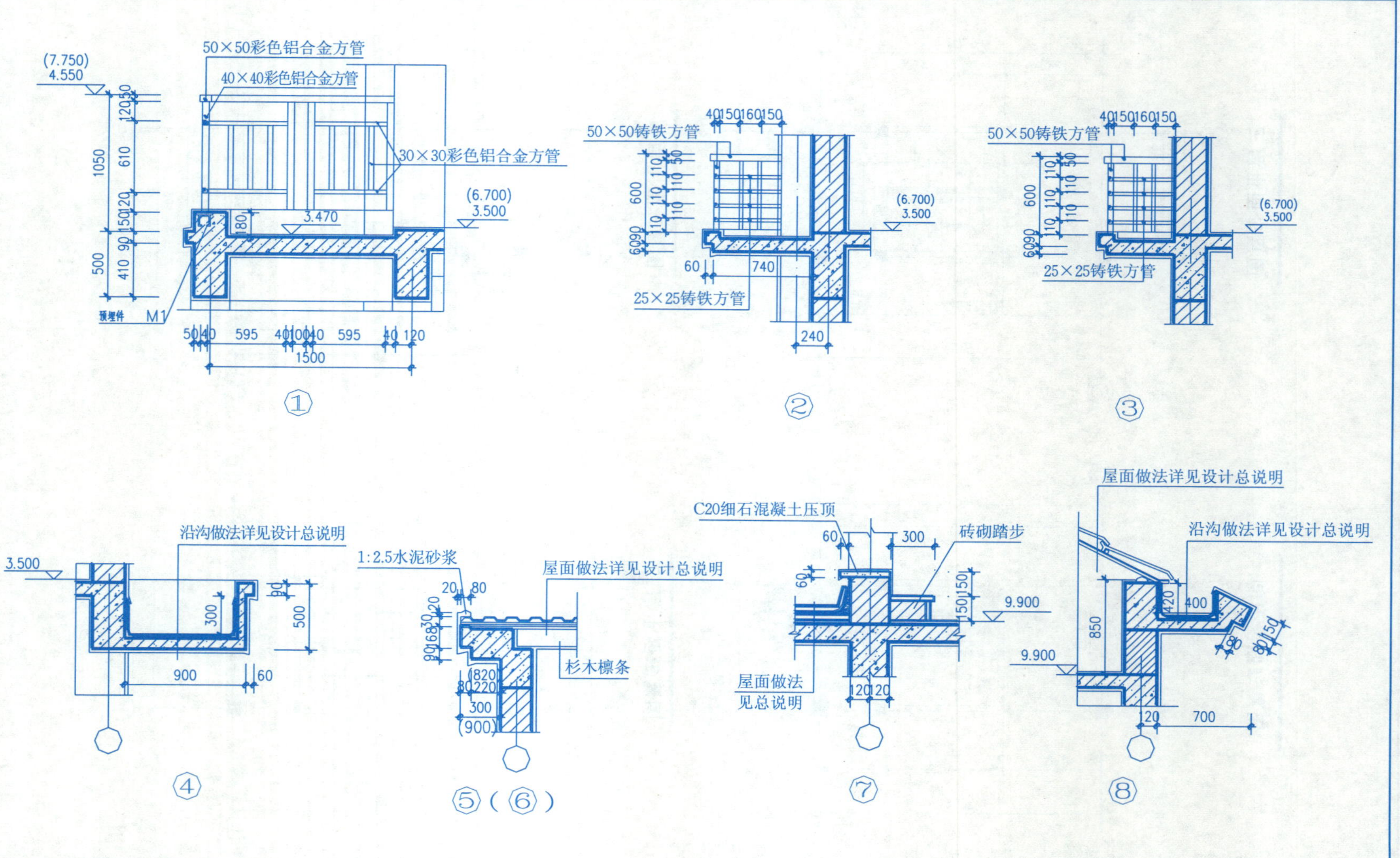

部分节点详图	班级		姓名		学号	

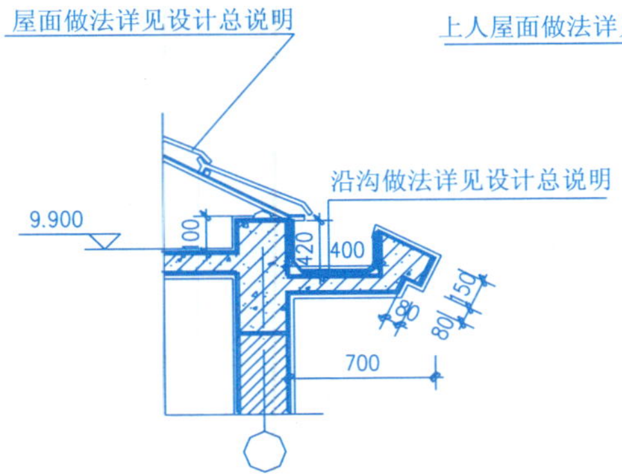

⑨

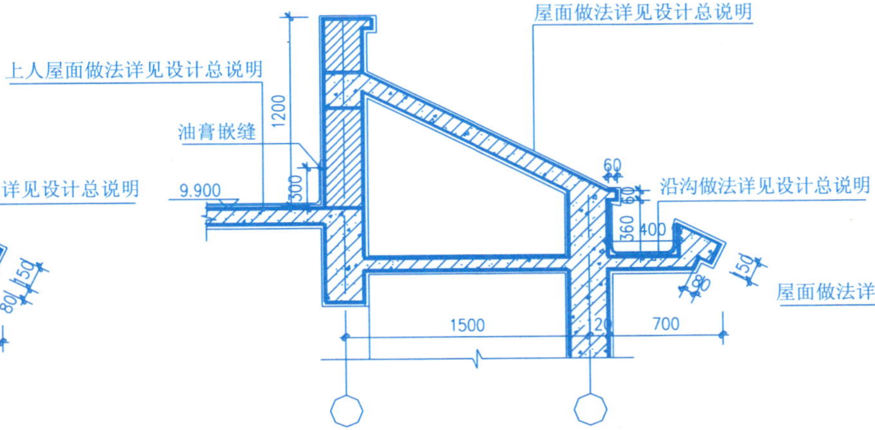

⑩

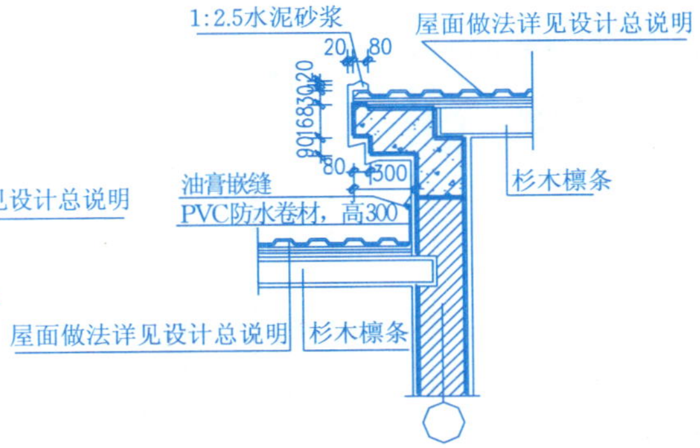

⑪

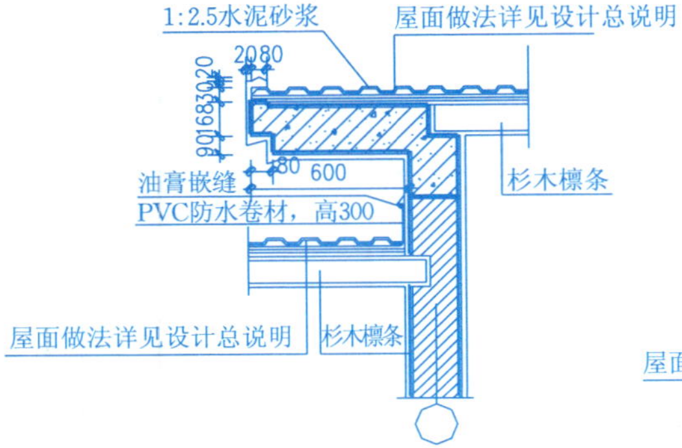

⑫

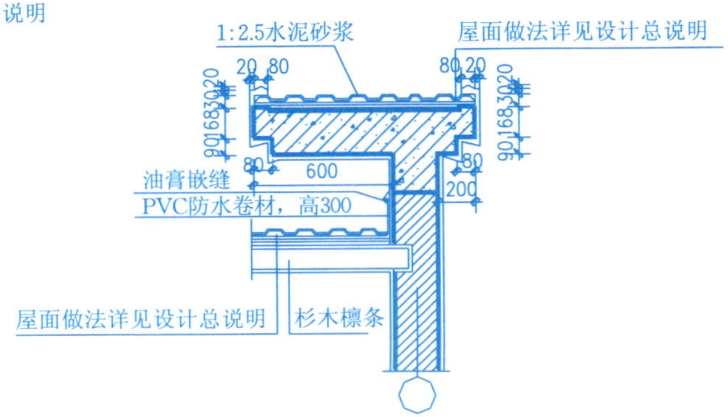

⑬

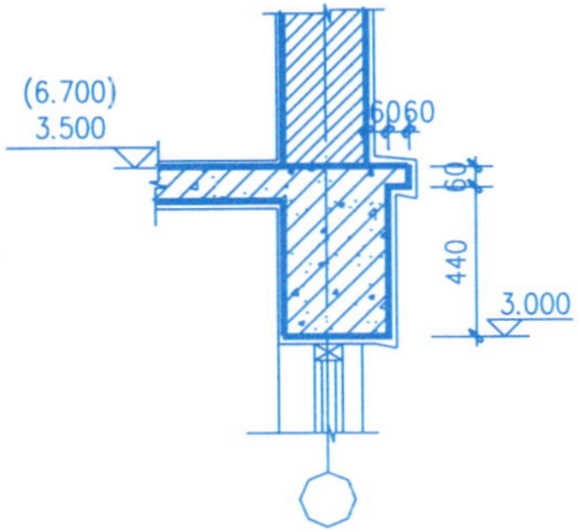

⑭

部分节点详图	班级		姓名		学号	

参考文献

[1] 邱培彪.土木工程识图与图纸会审[M].武汉:武汉理工大学出版社,2015.

[2] 汤建新.建筑识图与 AutoCAD 绘图[M].北京:机械工业出版社,2012.

[3] 何培斌.建筑制图与识图[M].武汉:武汉理工大学出版社,2008.

[4] 孙琪.中望 CAD 实用教程[M].2 版.北京:机械工业出版社,2022.

[5] 中华人民共和国住房和城乡建设部.房屋建筑制图统一标准:GB/T 50001—2017[S].北京:中国建筑工业出版社,2018.

[6] 中华人民共和国住房和城乡建设部.建筑制图标准:GB/T 50104—2010[S].北京:中国计划出版社,2011.